《量子计算和量子信息(一)
——量子计算部分》

阅读辅导及习题解析

陈汉武　编著

东南大学出版社
SOUTHEAST UNIVERSITY PRESS
·南京·

内 容 提 要

本习题详解是应对当前可能出现的量子计算与量子信息的学习和研究的热潮，汇集整理我研究室多年来讨论班读书环节对 *Quantum Computation and Quantum Information* 全书主要章节习题求解与解析的结果。第一章介绍了获 2017 年度狄拉克奖的三位量子信息学奠基者，用简单易懂的代数演算解读了原著第一章内容中的一些表述和概念，例如：为什么说 H 门形似 NOT 门平方根，Deutsch-Jozsa 算法的解读，量子隐形传态如何实现的代数演算等；并用通俗易懂、图文并茂的注释解说了普通 NOT 门和量子结的实现原理，什么叫做通用逻辑门，什么叫高密度编码等 12 个知识点。第二章"阅读内容"部分对相关内容涉及的物理学、计算机科学和数学等多个学科的知识点进行重点摘录，并对原书中的 82 道习题和 3 个问题进行了解析。习题求解中严格使用其特有的量子力学符号和演算规则，是训练、养成量子计算逻辑思维能力不可或缺的基础部分。

本书可作为高等院校本科相关专业，或研究生阶段量子计算与量子信息学习者的教辅材料，也可作为对量子计算和量子信息感兴趣的研究人员和工程技术人员阅读相关书籍的辅助资料。

图书在版编目(CIP)数据

《量子计算和量子信息(一)——量子计算部分》阅读辅导及习题解析/陈汉武编著. —南京：东南大学出版社，2018.1(2021.11 重印)

ISBN 978-7-5641-7613-6

Ⅰ.①量… Ⅱ.①陈… Ⅲ.①量子力学—信息技术 Ⅳ.①TP387 ②O413.1

中国版本图书馆 CIP 数据核字(2018)第 003950 号

《量子计算和量子信息(一)——量子计算部分》阅读辅导及习题解析

出版发行	东南大学出版社
出 版 人	江建中
责任编辑	姜晓乐(joy_supe@126.com)
社　　址	南京市四牌楼 2 号
邮　　编	210096
经　　销	全国各地新华书店
印　　刷	广东虎彩云印刷有限公司
开　　本	700 mm×1000 mm　1/16
印　　张	9
字　　数	166 千字
版　　次	2018 年 1 月第 1 版
印　　次	2021 年 11 月第 2 次印刷
书　　号	ISBN 978-7-5641-7613-6
定　　价	40.00 元

(本社图书若有印装质量问题，请直接与营销部联系。电话：025-83791830)

前　言

此题解的练习全部取自剑桥大学出版社出版的，Michael A. Nielsen 和 Isaac L. Chuang 合著的英文版原著 *Quantum Computation and Quantum Information* 翻译版的第一、第二章节的习题和问题。

Quantum Computation and Quantum Information 自 2000 年出版以来一直都是国际上公认的量子信息科学领域最经典的教材，2003 年高等教育出版社出版了该书的影印版，2004 年清华大学出版社出版了该书的翻译版。翻译版按照内容分为上下两部：《量子计算与量子信息（一）——量子计算部分》（赵千川译）和《量子计算与量子信息（二）——量子信息部分》（郑大钟，赵千川合译）。译者赵千川教授在"译者序"中写道："国外不少大学也已开设了有关课程。译者 2000 年访问美国 Carnegie Mellon 大学，他们在计算机系和物理系的研究生中开设了量子计算机课程，所采用的教材正是剑桥大学出版社出版的 Michael A. Nielsen 和 Isaac L. Chuang 的英文版原著 *Quantum Computation and Quantum Information*"，并指出："掌握量子计算能力的制高点已成为关系信息安全的重要课题"。

《量子计算与量子信息（一）——量子计算部分》包括基本概念和量子计算两个部分。基本概念部分分为三个章节：引言和概述、量子力学引论、计算机科学简介；量子计算部分包括四个章节：量子线路、量子 Fourier 变换及其应用、量子搜索算法和量子计算机的物理实现。全书内容的背后涉及物理学、计算机科学和数学等多学科的综合性交叉研究领域，对于学生（微电类：信息、电子、计算机、控制）来说，其中第二章"量子力学引论"的学习最为重要。该章节的内容不但是 *Quantum Computation and Quantum Information* 全书的代数学基础，其特有的量子力学符号系统和演算规则也是训练、养成量子计算逻辑思维能力不可或缺的基础部分。

近几年,我研究室开设了"量子计算"的研究生课程,不但本研究室每年的新生参加学习,还吸引了本校其他学科的研究生以及外校计算机专业的研究生前来学习。教学互动过程中发现一些认知和学习上的问题,归纳总结起来大约有两点:一是一些学生在进入课程学习之前常常被名词"量子"给吓唬住了,二是一些学生在学习的过程中没有把书读清楚。其实量子计算的基础知识主要是线性代数,只要认真读书,养成新的思维习惯,"量子态"表象中的任何演绎过程和结果都能够用线性代数的方法推演或刻画出来。

针对当前可能出现的量子计算与量子信息的学习和研究的热潮,我研究室计划陆续出版 *Quantum Computation and Quantum Information* 全书的习题解,辅助所有对量子计算和量子信息感兴趣的学习者。由于时间的原因,此次题解的内容仅包含《量子计算与量子信息(一)——量子计算部分》的基本概念中的第一章和第二章的全部习题及问题的题解和解释。

特别说明:

1. 习题解的结果是确定的,但解的方法可能不是唯一的,所以对于每一道习题来说,本书给出的题解也可能不一定是最好的或最简单的。

2. 由于水平的原因,题解中可能有瑕疵,还可能有错误(谬误),期待读者在学习和验证的过程中批评指正,期待进一步完善。

3. 第一章的内容是引言和概述,其中有一些内容对于初学者来说是陌生的,文字背后的内容他们不了解,本书针对这种情况采用类似小贴士的方法给予额外说明,有时特别会采用线性代数解析的方式给予说明,此处的用心是为了那些真正想学习的人,通过反复细致的训练,一开始就养成良好的习惯和思维。

4. 第二章的内容是全书的重点和基础,共有82道习题和3个问题。编写思路受到日本共立出版社出版的铃木七绪等四人合著的《详解-线形代数演习》题解启发,根据原著的赵千川教授中文翻译版的顺序,在习题之前都有相应的定义、定理、例题、注释等文字提示,便于学习者理解题意并形成解题思路。在题解中,我们严格、细致地使用量子计算中的各种符号(符号的背后就蕴含着思维)完成题解,其目的是通过详细的求解过程,培养学生或读者良好的量子计算思维。

回顾我们学习的历程和收获

2000 年,剑桥大学出版社出版了 *Quantum Computation and Quantum Information* 英文版原著,2003 年,高等教育出版社出版了该著作的影印版。我于 2003 年 11 月获得高等教育出版社赠送的原著影印版,2005 年组建量子计算与量子信息研究室,同时购买了清华大学出版社的翻译版教材,2006 年 3 月开始在我研究室每周一次的读书讨论班上,与最初的博士和硕士研究生们就开始了第一轮的泛读。泛读的目的是了解全书的相关内容和理论,同时结合当时发表在各类期刊或会议上的有关量子计算和量子信息的论文研读,较为深入地讨论部分相关章节内容。通过这样的泛读和讨论,学生们大致有了量子计算和量子信息相关理论的基本概念,收获颇丰。记得当时的研究生们每周都期待着读书讨论班的学习和交流,人多热情高,真是难忘的景象。

通过一轮的教材泛读,研究生们对量子计算与量子信息教材内容的全貌有了宏观的了解,此时基本具备了发现问题或遇到困惑时可随手打开相关章节认真研读的能力。于是结合相关有影响力的期刊或会议论文的泛读和精读,研究生们就能够遴选出自己感兴趣的研究问题,最初的选择包括量子线路综合、量子通信协议、量子容错计算。此后,研究生们更加注重对自己感兴趣的相关章节内容的精读。经过不断的读书和解题练习的训练,学生们关于量子计算的感觉和理论知识不断地增多,自信也不断地增强。一批一批的研究生们,就这样通过阅读经典书籍、做练习、读论文、再现论文的推导过程和结论的相关解析,他们已分别在量子线路综合、量子通信协议、量子容错计算、量子图像处理等领域中做出了一些成绩,在包括 *IEEE Transactions on Information Theory*, *IEEE Communications Letters*, *Quantum Information Processing*, *Quantum Information and Computation*, *Chinese Physics Letter*, *Chinese Physics B*, *China Science：Information Sicences*, *International Journal of Theoretical Physics*, *International Journal of Quantum Information*,《计算机学报》,《软件学报》,《计算机研究与发展》,《电子学报》和《通信学报》等期刊上已累计发表论文 124 篇,其中 SCI 收录 42 篇、EI 收录 82 篇,SCI 表现不俗 7 篇。

还有一点感觉与感兴趣的读者分享

现在回顾起来,我们最初关于量子计算与量子信息的知识积累可以这样叙述:

最初在泛读 Quantum Computation and Quantum Information 教材时,学生们都是"半路出家",没有任何量子计算的基本概念和科普知识,因此即使阅读,但关于量子计算与量子信息的认知却如同看不见树干和树枝,满眼尽是离散且摇晃的树叶(知识点),时常感觉知识信息如树影婆娑,飘忽不定。一轮泛读后,虽然能够用搬来的理论与方法解决一些问题,但心里依然时常感觉不那么踏实,因此我们开始了第二轮读书。

第二轮读书的指导思想是:把书读清楚。我们开始一边读书,一边做每一道练习并解读书中的每一个小贴士(盒子),随着持续的学习和反复的阅读,知识的积累、讨论的深入和不断的思考,开始感觉到我们的思维中慢慢生长出了"量子计算与量子信息"知识体系的树干和树枝,把那些看似离散晃动的树叶嫁接了起来、稳定了下来,初步形成了较为完整的知识体系,遇到问题时提出的解决方案就不再是就事论事,而是可以站得高一点,从较为完整的体系看待或讨论一个局部的问题。如此一来,学生们论述问题的逻辑就会更加清晰一些,论据的可信度就会增高一些,论文的写作就会快一些,命中的概率自然就大了一些,学习也就有了收获的感觉。

学生们回顾这样的研究学习过程,认识到进入一个新的领域,我们某些知识的积累或认知体系的形成可能往往也需要经历这样的过程,先有离散的知识点,然后慢慢串联起来形成一个完整的知识体系。特别是进入研究生的学习阶段,新兴的研究领域,其知识的积累过程似乎大致如此,不同于中小学和高中阶段多数是连续的、被动学习的知识积累的过程,那个时间段大多数情况下的知识积累可以用分形几何画出一棵大树的过程来描述,通过一个基于递归的反馈系统,将最初的一片树叶画出一棵大树,随着树叶的经络演绎出树干和树枝,每一片树叶(知识点)都紧紧地生长在不同的树枝上,整个知识点的学习都与相关知识体系相关。这便是孩提时代知识积累的普遍过程,而研究生或成人的知识积累过程更像我们学习量子计算与量子信息的过程,这也是研究生们通过学习获得的收获。

在博士生的读书和练习训练中,其中的好学生阅读论文的速度会有明显的提高,抓住问题的要点、论点论述的代数解析也有明显的提高,撰写论文的速度也有明显的提高,不但如此,练习推演好的、基本功扎实的学生还能够在阅读知名期刊论文时发现关键点的错误。实际上,以学生为第一作者发表的多篇 SCI 表现不俗的论文,其内容大多是与那些期刊论文的作者商榷有关结论的问题,非常迅速地指出错误并给出我们的结论。此类论文,估计是题目引人关注,因为内容简短,结论严谨,因此引用率会高一些,如此得来 SCI 表现不俗。

后记

写给讨论班的每一位同学,这是我们大家共同的记忆,虽然我们都很平凡,业绩也不辉煌,但那一份能够坐在一起的缘分,那一段共同学习、共同讨论、共同演算和相互"批判"的时光,陪伴着你们度过了青春中最美好的时光,却给我留下了一份弥足珍贵的记忆。

我要感谢每一位曾经参加过讨论班的学生:李志强、刘文杰、李文骞、肖芳英、许娟、王冬、刘志昊、樊继豪、阮越、谈佳宁、李熙和徐梦珂等博士生,以及张俊、李科、黄浩和崔振宇等硕士研究生,其中特别感谢刘志昊、张俊和徐梦珂同学,为完成第二章节的题解提供了很多的课堂讨论和推演的一手资料。

目 录

第1章 阅读辅导 1
第2章 量子力学引论的阅读辅导与习题练习 23
  2.1 线性代数 23
    2.1.1 基与线性无关 25
    2.1.2 线性算子与矩阵 25
    2.1.3 Pauli 阵 28
    2.1.4 内积 29
    2.1.5 特征向量和特征值 37
    2.1.6 伴随与 Hermite 算子 39
    2.1.7 张量积 47
    2.1.8 算子函数 54
    2.1.9 对易式和反对易式 60
    2.1.10 极式分解和奇异值分解 64
  2.2 量子力学假设 66
    2.2.1 状态空间 66
    2.2.2 演化 67
    2.2.3 量子测量 72
    2.2.4 区分量子状态 74
    2.2.5 投影测量 76
    2.2.6 POVM 测量(半正定算子值测量 positive operator-valued measure) 82
    2.2.7 相位 86
    2.2.8 复合系统 88
    2.2.9 量子力学:总览 91
  2.3 应用:超密编码 91
  2.4 密度算子 94
    2.4.1 量子状态的系综 94
    2.4.2 密度算子的一般性质 96
    2.4.3 约化密度算子 108
  2.5 Schmidt 分解和纯化 116
  2.6 EPR 和 Bell 不等式 127

第 1 章　阅读辅导

阅读该书之前，我们向三位量子信息学奠基者 Charles H. Bennett，David Deutsch，Peter W. Shor 表示我们的敬意。

2017 年度狄拉克奖揭晓，三位量子信息学奠基者分享该奖项＊

日前，国际理论物理中心（ICTP）颁布了 2017 年度狄拉克奖。本年度的三位获奖者分别是美国 IBM T. J. Watson 研究中心的 Charles H. Bennett，英国牛津大学的 David Deutsch，以及美国麻省理工的 Peter W. Shor。三人因"将量子力学的基础概念应用于计算科学与通信科学的基本问题，结合量子力学、计算科学与信息科学从而缔造量子信息学领域"的先驱性工作而被授予这一奖项。

"ICTP 2017 年度狄拉克奖得主将他们在量子力学上的深厚学识应用于计算科学与通信科学，"ICTP 主任 Fernando Quevedo 说道，"更重要的是，此后量子信息学的发展全都是建立在他们所构建的学科基础之上的。"

时至今日，量子信息学已经成为一个广博的热点研究领域，在理论与实验两个方向上都有成果。与描述我们日常世界的经典力学不同，量子力学有着迥然相异的特性，正是这种显著的差异造就了量子信息学。传统信息科学的数据是以比特（bit）为计量单位的，每比特都有一个绝对数值：0 或 1。而量子信息学采用量子比特（qubit）为单位，其量子叠加态能同时包含 0 和 1。两个或更多量子比特的叠加则会产生一种全新特性，称为纠缠（entanglement）。在纠缠态中

＊ 注：张奕林，译. 2017 年度狄拉克奖揭晓，三位量子信息学奠基者分享该奖项. 科研圈［2017-08-10］. http://www.keyanquan.net/info/detail/179

量子比特的值会相互关联,与经典直觉完全不同。在探索如何开发量子比特的独特性质,将其用于数据处理和传输的研究领域,2017年度狄拉克奖的三位获奖者都做出了关键性贡献,从而开创了量子信息学这一新领域。

Charles Bennett 是量子信息学领域富有智慧的引领者。四十年前,他独自创立并仔细研究了现在被称为"可逆经典计算"的领域,证明了经典计算理论上可以零能耗的方式进行。在某种程度上,可逆经典计算正是量子计算的先驱,它涉及了可逆性与最小化杂散损耗的内容。Bennett 还与加拿大蒙特利尔大学的 Gilles Brassard 合作发明了量子密码学:两个远距离通信者能够安全地分享一个编码秘钥,由于对不相容可观测量的测量受到基本量子极限的约束,从而免于被第三方监听。此外,Bennett 与其合作者还引入了量子传输,使得纠缠与经典信号能被用于传输量子态。他与合作者证明,von Neumann 熵能够很好地用于度量纯态系统的纠缠,这是纠缠量化的早期结论,该领域的研究如今依然非常活跃。

David Deutsch 是量子计算的缔造者之一。他引入了量子图灵机、量子逻辑门、量子回路与量子计算网络模型等概念,其中量子图灵机是一种可以在任意叠加态(即量子比特)上运行的计算模型。David Deutsch 证明了一台量子计算机上的所有可能操作都可以通过一种三量子比特逻辑门的序列组合来实现(之后,Bennett、Shor 与合作者证明了由单量子比特门和一种简单的经典可逆双比特门组成的序列就足够了)。通过自己的独立工作以及与英国剑桥大学的 Richard Jozsa 合作,Deutsch 设计出了第一种量子算法,即 Deutsch 和 Deutsch-Jozsa 算法。该算法阐释了对于解决特定问题,量子计算能够比任何已知的经典计算机算法都要快。

Peter Shor 极大地推动了量子计算领域的发展。他设计了大数因数分解以及离散对数计算的高效量子算法,这两种算法都可以用来破解经典编码方案。通过这些高效算法,Peter Shor 证明了在解决实用、复杂的计算问题时,量子计算机可以指数级的速度超越所有已知的经典计算机算法。他还引入了量子纠错码以及容错量子计算,这些都为处理干扰量子比特的杂散效应(噪声)提供了方案。如果没有稳健的量子纠错机制,大规模的量子计算就会因量子态对噪声的高度敏感性而遭到破坏。因此,量子纠错理论如今已是量子信息学界一个发

第1章 阅读辅导

展程度很高的分支,曾经艰难的大规模量子计算机发展之路如今也渐渐打开了。

国际理论物理中心ICTP狄拉克奖设立于1985年,目的是为了纪念20世纪伟大的物理学家,ICTP的忠实伙伴,保罗·狄拉克(P. A. M. Dirac)。该奖项于每年8月8日(狄拉克的生日)颁发给对理论物理学做出卓越贡献的科学家。

1933年,狄拉克与薛定谔共享诺贝尔物理学奖,时年31岁。

解读1:

> page 19:
>
> $H \equiv \frac{1}{\sqrt{2}} \begin{bmatrix} 1 & 1 \\ 1 & -1 \end{bmatrix}$。This gate is sometimes described as being like a 'square-root of NOT' gate in that it turns a $|0\rangle$ into $\frac{1}{\sqrt{2}}(|0\rangle + |1\rangle)$ (first column of H), 'halfway' between $|0\rangle$ and $|1\rangle$, and turns $|1\rangle$ into $\frac{1}{\sqrt{2}}(|0\rangle - |1\rangle)$ (second column of H), which is also 'halfway' between $|0\rangle$ and $|1\rangle$. Note, however, that H^2 is not a NOT gate, as simple algebra shows that $H^2 = I$, and thus applying H twice to a state does nothing to it.

为什么说 $H \equiv \frac{1}{\sqrt{2}} \begin{bmatrix} 1 & 1 \\ 1 & -1 \end{bmatrix}$ 门有时被描述为像似"NOT"门(即 $X \equiv \begin{bmatrix} 0 & 1 \\ 1 & 0 \end{bmatrix}$ 门)的平方根?

因为 X 把 $|0\rangle$ 变成 $|1\rangle$,把 $|1\rangle$ 变成 $|0\rangle$:

$$\begin{bmatrix} 0 & 1 \\ 1 & 0 \end{bmatrix} |0\rangle = \begin{bmatrix} 0 & 1 \\ 1 & 0 \end{bmatrix} \begin{bmatrix} 1 \\ 0 \end{bmatrix} = \begin{bmatrix} 0 \\ 1 \end{bmatrix} = |1\rangle$$

$$\begin{bmatrix} 0 & 1 \\ 1 & 0 \end{bmatrix} |1\rangle = \begin{bmatrix} 0 & 1 \\ 1 & 0 \end{bmatrix} \begin{bmatrix} 0 \\ 1 \end{bmatrix} = \begin{bmatrix} 1 \\ 0 \end{bmatrix} = |0\rangle$$

而 H 把 $|0\rangle$ 变成 $(|0\rangle + |1\rangle)/\sqrt{2}$,把 $|1\rangle$ 变成 $(|0\rangle - |1\rangle)/\sqrt{2}$:

$$H|0\rangle \equiv \frac{1}{\sqrt{2}}\begin{bmatrix}1 & 1\\1 & -1\end{bmatrix}|0\rangle = \frac{1}{\sqrt{2}}\begin{bmatrix}1 & 1\\1 & -1\end{bmatrix}\begin{bmatrix}1\\0\end{bmatrix} = \frac{1}{\sqrt{2}}\begin{bmatrix}1\\1\end{bmatrix} = \frac{1}{\sqrt{2}}\left(\begin{bmatrix}1\\0\end{bmatrix}+\begin{bmatrix}0\\1\end{bmatrix}\right) = \frac{1}{\sqrt{2}}(|0\rangle+|1\rangle)$$

$$H|1\rangle \equiv \frac{1}{\sqrt{2}}\begin{bmatrix}1 & 1\\1 & -1\end{bmatrix}|1\rangle = \frac{1}{\sqrt{2}}(|0\rangle-|1\rangle)$$

显然 X 交换量子态的 $|0\rangle$ 和 $|1\rangle$ 两种极化状态,而 $H \equiv \frac{1}{\sqrt{2}}\begin{bmatrix}1 & 1\\1 & -1\end{bmatrix}$ 则是将两种极化状态 $|0\rangle$ 和 $|1\rangle$ 变化成中间状态(叠加状态)$(|0\rangle+|1\rangle)/\sqrt{2}$ 和 $(|0\rangle-|1\rangle)/\sqrt{2}$,因此表面上看 H 门像似将 X 门的变换做了一半,即说成:This gate $H \equiv \frac{1}{\sqrt{2}}\begin{bmatrix}1 & 1\\1 & -1\end{bmatrix}$ is sometimes described as being like a 'square-root of NOT' gate。但是为什么又不能说成是:H 门就是 X 门的平方根呢?

如果我们了解中文版原书 2.1.8 节"算子函数"的相关内容,我们就可以求解 NOT gate: $X \equiv \begin{bmatrix}0 & 1\\1 & 0\end{bmatrix}$ 的平方根,就可以深入理解"This gate $H \equiv \frac{1}{\sqrt{2}}\begin{bmatrix}1 & 1\\1 & -1\end{bmatrix}$ is sometimes described as being like a 'square-root of NOT' gate"的真正含义。

从线性代数的视角看问题:如果将 X 和 H 都看成矩阵 A(在向量空间中算子的代数表示就是矩阵),矩阵的特征根和与其对应的特征向量分别用 λ 和 $|\lambda\rangle$ 表示,则线性代数告诉我们:矩阵 A 可以表示成 $A = \sum_\lambda \lambda |\lambda\rangle\langle\lambda|$,矩阵函数的抽象表达式就是:$f(A) = \sum_\lambda f(\lambda) |\lambda\rangle\langle\lambda|$。因此我们也可以通过求解矩阵 X 的特征值和特征向量给出相关叙述的大致解释:This gate is sometimes described as being like a 'square-root of NOT' gate。

首先求 X 的特征值(本征值):$|\lambda I - X| = \begin{bmatrix}\lambda & -1\\-1 & \lambda\end{bmatrix} = \lambda^2 - 1$,显然 X 的特征值为:$\lambda_{1,2} = \pm 1$,因为矩阵 $X = \begin{bmatrix}0 & 1\\1 & 0\end{bmatrix}$,设特征值 λ 对应的特征向量为

$|\lambda\rangle = \begin{bmatrix} x_1 \\ x_2 \end{bmatrix}$,则将 X 和 $|\lambda\rangle$ 代入 $A|\lambda\rangle = \lambda|\lambda\rangle$,得到 $|\lambda_1\rangle = \begin{bmatrix} 1 \\ 1 \end{bmatrix}$,$|\lambda_2\rangle = \begin{bmatrix} 1 \\ -1 \end{bmatrix}$。显然

$$X = \lambda_1 |\lambda_1\rangle\langle\lambda_1| + \lambda_2 |\lambda_2\rangle\langle\lambda_2|$$

$$= (1) \times \begin{bmatrix} 1 \\ 1 \end{bmatrix} \begin{bmatrix} 1 & 1 \end{bmatrix} + (-1) \times \begin{bmatrix} 1 \\ -1 \end{bmatrix} \begin{bmatrix} 1 & -1 \end{bmatrix}$$

$$= \begin{bmatrix} 1 & 1 \\ 1 & 1 \end{bmatrix} - \begin{bmatrix} 1 & -1 \\ -1 & 1 \end{bmatrix} = \begin{bmatrix} 0 & 1 \\ 1 & 0 \end{bmatrix}$$

则根据算子函数的定义,算子 X 的平方根就是其特征值的平方根(分别为 1 和 i)乘以对应的特征向量,那么算子 X 的平方根的矩阵应该写成:

$$\sqrt{X} = \sqrt{1} \begin{bmatrix} 1 \\ 1 \end{bmatrix} \begin{bmatrix} 1 & 1 \end{bmatrix} + \sqrt{-1} \begin{bmatrix} 1 \\ -1 \end{bmatrix} \begin{bmatrix} 1 & -1 \end{bmatrix}$$

$$= \begin{bmatrix} 1 & 1 \\ 1 & 1 \end{bmatrix} + i \begin{bmatrix} 1 & -1 \\ -1 & 1 \end{bmatrix} = \begin{bmatrix} 1+i & 1-i \\ 1-i & 1+i \end{bmatrix}$$

因此即使算子 X 的本征向量归一化且特征值取其平方根后再运算,也不等于 $\frac{1}{\sqrt{2}} \begin{bmatrix} 1 & 1 \\ 1 & -1 \end{bmatrix}$,所以说:This gate is sometimes described as being like a 'square-root of NOT' gate. Note, however, that H^2 is not a NOT gate, as simple algebra shows that $H^2 = I$, and thus applying H twice to a state does nothing to it.

$$HH^{\mathrm{T}} = \frac{1}{2} \begin{bmatrix} 1 & 1 \\ 1 & -1 \end{bmatrix} \begin{bmatrix} 1 & 1 \\ 1 & -1 \end{bmatrix} = \frac{1}{2} \begin{bmatrix} 2 & 0 \\ 0 & 2 \end{bmatrix} = \begin{bmatrix} 1 & 0 \\ 0 & 1 \end{bmatrix} = I$$

阅读内容

以下文字和示意图摘录于《科学美国人》,给出了实现"非"门(X 门)和产生叠加态(H 门产生一个量子比特的叠加态)的物理实验原理。

量子比特门的物理实现举例:

(1) 普通的"非"门

为了执行最基本的运算操作"非",即将一个比特的值反转,物理学家将一束具有合适频率、时长和强度的光脉冲(被称为π脉冲)照射到原子上。如果电子开始处于1态,它将变成1态,反之亦然。

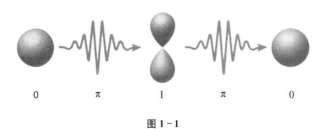

图 1-1

(2) 量子结

经过调整,同样的过程可以执行一项似乎不可能进行的运算操作:"非"的平方根。一束π/2脉冲(具有比π脉冲较小的振幅或较短的时长)能将电子从0或1态转化为两个态的组合,或称为叠加态。接着,第二束π/2脉冲会将这个电子转变为1态(如果最初是0态)或0态(如果最初是1态)。

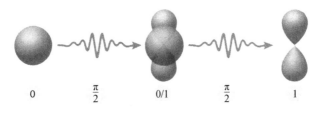

图 1-2

量子逻辑门的酉性及其相关论述:

酉量子门总是可逆的,因为酉矩阵的逆还是酉矩阵,故一个量子门的作用总可以通过另一个量子门翻转过来。

任意的多量子比特门都可由受控非门和单量子比特门复合而成,某种意义上说,受控非门和单量子比特门是所有其他门的原型。(量子门的通用性和稠密子集的概念)

Deutsch等人已证明:几乎所有的二比特量子逻辑门都是通用的。这里"通用逻辑门"的含义是指,通过这些逻辑门的级联,可以任意精度逼近任何一个量子(酉、幺正)操作;"几乎"的含义是指,二比特通用量子逻辑门的集合是所有二比特逻辑门的集合的一个稠密子集。

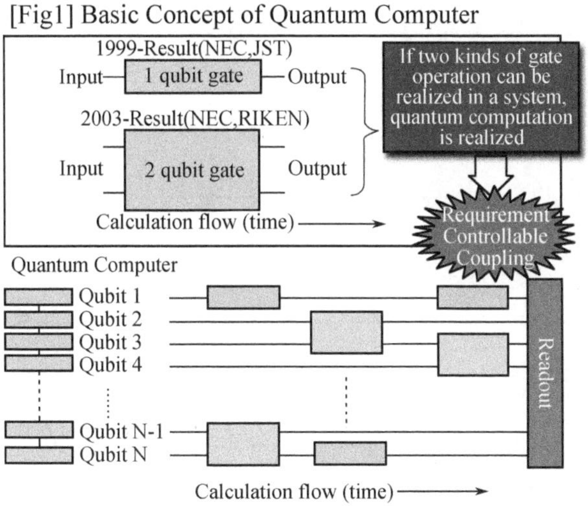

[Fig1] Basic Concept of Quantum Computer

图 1-3

图 1-4 给出人类可以自由地操控量子的物理实验。1997 年诺贝尔物理学奖授予了美国加州斯坦福大学的朱棣文、法国巴黎的法兰西学院和高等师范学院的科恩·塔诺季和美国国家标准技术院的菲利普斯,以表彰他们在发展用激光冷却和陷俘原子的方法方面所作的贡献,从此人类就能够操纵和控制单个原子了。

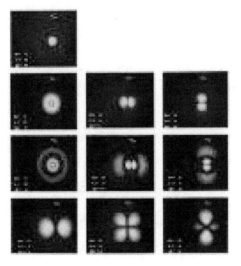

图 1-4

量子计算中最常用的两组基：

常用的两对垂直正交基：$\{|0\rangle,|1\rangle\}$ 和 $\{|+\rangle,|-\rangle\}$。

$$|+\rangle \equiv \frac{1}{\sqrt{2}}(|0\rangle+|1\rangle), \quad |-\rangle \equiv \frac{1}{\sqrt{2}}(|0\rangle-|1\rangle)$$

所以：

$$|\psi\rangle=\alpha|0\rangle+\beta|1\rangle=\alpha\frac{|+\rangle+|-\rangle}{\sqrt{2}}+\beta\frac{|+\rangle-|-\rangle}{\sqrt{2}}=\frac{\alpha+\beta}{\sqrt{2}}|+\rangle+\frac{\alpha-\beta}{\sqrt{2}}|-\rangle$$

解读 2　量子电路与经典电路的区别

> page 23：
>
> There are a few features allowed in classical circuits that are not usually present in quantum circuits. First of all, we don't allow 'loops', that is, feedback from one part of the quantum circuit to another; we say the circuit is acyclic. Second, classical circuits allow wires to be 'joined' together, an operation known as FANIN, with the resulting single wire containing the bitwise OR of the inputs. Obviously this operation is not reversible and therefore not unitary, so we don't allow FANIN in our quantum circuits. Third, the inverse operation, FANOUT, whereby several copies of a bit are produced is also not allowed in quantum circuits. In fact, it turns out that quantum mechanics forbids the copying of a qubit, making the FANOUT operation impossible!

经典可逆逻辑与量子可逆逻辑的区别：经典线路中的反馈、扇入和扇出连线操作在量子线路中是不允许的！

量子线路可以模拟经典线路，即量子力学可以解释所有经典逻辑线路。而量子线路不能用经典线路直接模拟，因为酉量子逻辑门具有内在可逆性，而许多经典逻辑门，如与非门，本质上是不可逆的。

【举例 1】 Bell 态。

$$|\beta_{00}\rangle \equiv \frac{|00\rangle+|11\rangle}{\sqrt{2}}, \quad |\beta_{01}\rangle \equiv \frac{|01\rangle+|10\rangle}{\sqrt{2}}, \quad |\beta_{10}\rangle \equiv \frac{|00\rangle-|11\rangle}{\sqrt{2}}, \quad |\beta_{11}\rangle \equiv \frac{|01\rangle-|10\rangle}{\sqrt{2}}$$

及其通项式：

$$|\beta_{xy}\rangle \equiv \frac{|0y\rangle + (-1)^x|1\bar{y}\rangle}{\sqrt{2}}$$

其中，$\bar{y}$ 表示 y 的非。

解说：Bell 态在量子计算与量子信息中扮演着不可或缺的角色。Bell 态是量子态纠缠现象中的一种最简单状态，上式是它的代数表示。基于 Bell 态的著名的 Bell 不等式——一个非常简单的代数表达式——却挑战了人类关于世界运行的逻辑思维。1935 年，爱因斯坦等人在其著名的论文"Can quantum-mechanical description of physical reality be considered complete?"中提出了称为 EPR 的理想实验，目的是论证量子力学不是完备的物理学理论；1964 年，Bell 在其 "On the Einstein-Podolsky-Rosen paradox" 一文中给出 EPR 悖论的代数解析模型。爱因斯坦等人认为：物质（粒子）的属性具有实在性，物质相互作用（纠缠粒子的测量）的影响应该具备定域性，这些是自然应该遵守的规则（也是我们的世界观）。基于这样的逻辑思维，经 EPR 的理想实验分析、计算出的结果应该是 Bell 等式小于等于 2，但提出 EPR 理想实验 30 年之后，物理实验的结果是自然通过实验否定了爱因斯坦等人的观点，即世界遵守的规则与量子力学相吻合：物理的属性基于观测（粒子不具有独立与测量的性质）和物质相互作用（纠缠粒子的测量）的影响应该是非定域性的。

【举例 2】 量子隐形传态。

量子隐形传态是在发送方和接收方甚至没有量子通信信道连接的情况下，移动量子状态的一项技术。

Alice 要向 Bob 发送一个量子比特：(initial state) $|\psi\rangle_1 = \alpha|0\rangle + \beta|1\rangle$，但 Alice 并不知道该量子比特的状态。

由 EPR-source(EPR 源)随机制备一对纠缠粒子(Bell 态：entangled pair)分发给通信双方：Alice 和 Bob，这个 Bell 态是下列 4 个中的一个，设为 $|\Phi^+\rangle_{23}$，之后 Alice 和 Bob 各自拥有纠缠态的一个粒子：

$$|\beta_{00}\rangle \equiv \frac{|00\rangle + |11\rangle}{\sqrt{2}},\ |\beta_{01}\rangle \equiv \frac{|01\rangle + |10\rangle}{\sqrt{2}},\ |\beta_{10}\rangle \equiv \frac{|00\rangle - |11\rangle}{\sqrt{2}},\ |\beta_{11}\rangle \equiv \frac{|01\rangle - |10\rangle}{\sqrt{2}}$$

如图 1-5 所示，Alice 标识的菱形框下的线①和线②两个粒子态再一次纠缠 $|\psi\rangle_1|\Phi^+\rangle_{23}$ 生成新的纠缠态 $|\Psi\rangle_{123}$：

$$|\Psi\rangle_{123}=|\psi\rangle_1|\beta_{00}\rangle=|\psi\rangle_1|\Phi^+\rangle_{23}$$

$$|\Psi\rangle_{123}=|\Phi^+\rangle_{12}\otimes(\alpha|0\rangle_3+\beta|1\rangle_3)+|\Phi^-\rangle_{12}\otimes(\alpha|0\rangle_3-\beta|1\rangle_3)$$
$$+|\Psi^+\rangle_{12}\otimes(\alpha|1\rangle_3+\beta|0\rangle_3)+|\Psi^-\rangle_{12}\otimes(\alpha|1\rangle_3-\beta|0\rangle_3)$$

此时 Alice 手中拥有叠加态 $|\Psi\rangle_{123}$ 中的前两个粒子，$\{|\Phi^+\rangle_{12},|\Phi^-\rangle_{12},|\Psi^+\rangle_{12},|\Psi^-\rangle_{12}\}$，Alice 通过一个测量，测量后叠加态 $|\Psi\rangle_{123}$ 就塌缩到每一个确定的状态上，Alice 的测量结果通过经典信道(classical information)传输给 Bob。

例如若 Alice 的测量结果是 $|\Phi^+\rangle_{12}$，则 Bob 手中的状态就是 $\alpha|0\rangle+\beta|1\rangle$，此时无须任何操作；

若 Alice 的测量结果是 $|\Phi^-\rangle_{12}$，则 Bob 手中的状态就是 $\alpha|0\rangle-\beta|1\rangle$，此时若 Bob 对手中的状态做 Z 操作，即可恢复到状态 $\alpha|0\rangle+\beta|1\rangle$；

若 Alice 的测量结果是 $|\Psi^+\rangle_{12}$，则 Bob 手中的状态就是 $\alpha|1\rangle+\beta|0\rangle$，此时若 Bob 对手中的状态做 X 操作，即可恢复到状态 $\alpha|0\rangle+\beta|1\rangle$；

若 Alice 的测量结果是 $|\Psi^-\rangle_{12}$，则 Bob 手中的状态就是 $\alpha|1\rangle-\beta|0\rangle$，此时若 Bob 对手中的状态做 X 操作，再做 Z 操作，即可恢复到状态 $\alpha|0\rangle+\beta|1\rangle$；

此时 Bob 就获得了这个量子比特(teleported state) $|\psi\rangle=\alpha|0\rangle+\beta|1\rangle$。

详细解说请看第二章题解的相关内容。

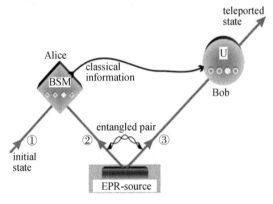

图 1-5

解读 3 Toffoli 门与 Hadamard 门

> page 29：
>
> Any classical circuit can be replaced by an equivalent circuit containing only reversible elements, by making use of a reversible gate known as the Toffoli gate.

Toffoli 门原本作为经典门形式出现，却也可以作为量子逻辑门实现，因为 Toffoli 门对应的 8×8 矩阵 U 可以被证明是酉矩阵。Toffoli 门是可逆的，逆就是它自身。量子 Toffoli 门可以像经典 Toffoli 门那样用于模拟不可逆逻辑门，可以用来模拟与非门（图 1-6），可以实现扇出操作（图 1-7），而有了这两种操作就可以模拟经典线路的所有元件，因此任意的经典线路都可以被等价的可逆线路模拟，并保证量子计算机可以完成任何经典（确定性）计算机能够完成的计算任务。

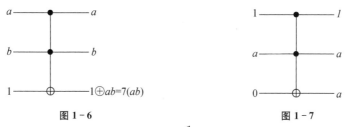

图 1-6   图 1-7

借助 Hadamard 门通过 $|0\rangle$ 能够生成 $\frac{1}{\sqrt{2}}(|0\rangle + |1\rangle)$，即 $|0\rangle$ 和 $|1\rangle$ 各有 50% 的概率，同样可为量子计算机提供有效模拟不确定的经典计算机的能力。

Hadamard 门推广到任意数目的量子比特上，可以产生所有计算基态的平衡叠加，而且它的效率非常高，仅用 n 个门就产生了 2^n 个状态的叠加。

$$H^2|00\rangle = H \otimes H(|0\rangle \otimes |0\rangle)$$
$$= \frac{|0\rangle + |1\rangle}{\sqrt{2}} \otimes \frac{|0\rangle + |1\rangle}{\sqrt{2}} = \frac{|00\rangle + |01\rangle + |10\rangle + |11\rangle}{2}$$
$$H^n|0\cdots0\rangle = H^n|0\rangle^n = \sum_{x \in \{0,1\}^n} |x\rangle$$

其中，$x \in \{0,1\}^n$ 表示 n 比特长的所有可能取值。因此可以采用以下方法进行 n 比特输入 x 和单比特输出 $f(x)$ 函数的量子并行计算：

$$H^n|0\rangle^n \otimes |0\rangle = \frac{1}{\sqrt{2^n}} \sum_{x \in \{0,1\}^n} |x\rangle|f(x)\rangle$$

解读 4　Deutsch 算法的解读

$$|\psi_0\rangle = |01\rangle = |0\rangle \otimes |1\rangle$$

$$|\psi_1\rangle = \frac{|0\rangle + |1\rangle}{\sqrt{2}} \otimes \frac{|0\rangle - |1\rangle}{\sqrt{2}} = \frac{1}{2}(|00\rangle - |01\rangle + |10\rangle - |11\rangle)$$

$$|\psi_2\rangle = \frac{1}{2}[|0,f(0)\rangle - |0,1 \oplus f(0)\rangle + |1,f(1)\rangle - |1,1 \oplus f(1)\rangle]$$

$$= \frac{1}{2}[|0\rangle(|f(0)\rangle - |1 \oplus f(0)\rangle) + |1\rangle(|f(1)\rangle - |1 \oplus f(1)\rangle)]$$

$$= \frac{1}{2}[|0\rangle(|f(0)\rangle - |\overline{f(0)}\rangle) + |1\rangle(|f(1)\rangle - |\overline{f(1)}\rangle)]$$

如果: $f(0) = f(1) = *$,则

$$|\varphi_2\rangle = \frac{1}{2}(|0\rangle + |1\rangle)(|*\rangle - |\overline{*}\rangle) = \left(\frac{|0\rangle + |1\rangle}{\sqrt{2}}\right) \otimes \left(\frac{|*\rangle - |\overline{*}\rangle}{\sqrt{2}}\right)$$

如果: $f(0) \neq f(1)$,令 $f(0) = *, f(1) = \overline{*}$,则

$$|\varphi_2\rangle = \frac{1}{2}(|0\rangle(|*\rangle - |\overline{*}\rangle) + |1\rangle(|\overline{*}\rangle - |*\rangle)) = \left(\frac{|0\rangle - |1\rangle}{\sqrt{2}}\right) \otimes \left(\frac{|*\rangle - |\overline{*}\rangle}{\sqrt{2}}\right)$$

$$|\psi_2\rangle = \begin{cases} \pm\left(\dfrac{|0\rangle + |1\rangle}{\sqrt{2}}\right) \otimes \left(\dfrac{|*\rangle - |\overline{*}\rangle}{\sqrt{2}}\right), f(0) = f(1) \\ \pm\left(\dfrac{|0\rangle - |1\rangle}{\sqrt{2}}\right) \otimes \left(\dfrac{|*\rangle - |\overline{*}\rangle}{\sqrt{2}}\right), f(0) \neq f(1) \end{cases},$$

令 $* = f(0) = 0$,则

$$|\psi_2\rangle = \begin{cases} \pm\left(\dfrac{|0\rangle + |1\rangle}{\sqrt{2}}\right) \otimes \left(\dfrac{|0\rangle - |1\rangle}{\sqrt{2}}\right), f(0) = f(1) \\ \pm\left(\dfrac{|0\rangle - |1\rangle}{\sqrt{2}}\right) \otimes \left(\dfrac{|0\rangle - |1\rangle}{\sqrt{2}}\right), f(0) \neq f(1) \end{cases}。$$

设 $|\psi_2\rangle = |\phi_1\rangle \otimes |\phi_2\rangle$,则

$$|\psi_3\rangle = (H \otimes I)|\psi_2\rangle = H|\varphi_1\rangle \otimes I|\varphi_2\rangle = \begin{cases} \pm|0\rangle \otimes \left(\dfrac{|0\rangle - |1\rangle}{\sqrt{2}}\right), & f(0) = f(1) \\ \pm|1\rangle \otimes \left(\dfrac{|0\rangle - |1\rangle}{\sqrt{2}}\right), & f(0) \neq f(1) \end{cases}$$

注意到,当 $f(0) = f(1)$ 时,$0 = [f(0) + f(1)] \bmod 2$,其他情况为 1,则 $|\psi_3\rangle$ 可以改写为:

$$|\psi_3\rangle = \pm|f(0) \oplus f(1)\rangle \left(\dfrac{|0\rangle - |1\rangle}{\sqrt{2}}\right)$$

这样我们通过测量第一个量子比特就可以确定 $|f(0) \oplus f(1)\rangle$,即可以判断 $f(0)$ 和 $f(1)$ 是否相等。

注:计算张量积 $\left(\dfrac{|0\rangle + |1\rangle}{\sqrt{2}}\right) \otimes \left(\dfrac{|*\rangle - |\bar{*}\rangle}{\sqrt{2}}\right)$,假设 $f(0) = f(1) = *$,若 $* = 0$,则 $|\psi_2\rangle = \dfrac{1}{2}(|0\rangle + |1\rangle)(|0\rangle - |1\rangle)$;若 $* = 1$,则 $|\psi_2\rangle = \dfrac{1}{2}(|0\rangle + |1\rangle)(|1\rangle - |0\rangle)$。

所以 $|\psi_2\rangle = (-1)^{f(x)} \dfrac{|0\rangle + |1\rangle}{\sqrt{2}} \otimes \dfrac{|0\rangle - |1\rangle}{\sqrt{2}}$。

注:计算张量积 $\left(\dfrac{|0\rangle + |1\rangle}{\sqrt{2}}\right) \otimes \left(\dfrac{|*\rangle - |\bar{*}\rangle}{\sqrt{2}}\right)$,假设 $f(0) \neq f(1)$,令 $f(0) = *$,则 $f(1) = \bar{*}$。若 $* = 0$,则 $|\psi_2\rangle = \dfrac{1}{2}(|0\rangle + |1\rangle)(|0\rangle - |1\rangle)$;若 $* = 1$,则 $|\psi_2\rangle = \dfrac{1}{2}(|0\rangle + |1\rangle)(|1\rangle - |0\rangle)$。

所以 $|\psi_2\rangle = (-1)^{f(x)} \dfrac{|0\rangle + |1\rangle}{\sqrt{2}} \otimes \dfrac{|0\rangle - |1\rangle}{\sqrt{2}}$。所以可以写出 $|\psi_2\rangle$ 的通项表达式。

解读 5 Deutsch-Jozsa 算法

对 $x \in \{0, 1, \cdots, 2^n - 1\}$ 和 $f(x) \in \{0, 1\}$,Alice 每一次发送一个量子比特向量 $\vec{x} = (x_1, x_2, \cdots, x_n)$,Bob 计算 $f(\vec{x})$ 后返回 0 或 1,Alice 若要判断 $f(x)$ 是一个常数函数或是一个一半取 0 一半取 1 的平衡函数,对于经典计算,Alice 需要与 Bob 通信 $2^n/2 + 1$ 次,而量子算法只需要 Alice 与 Bob 通信一次即可。

输入:对 $x \in \{0, 1, \cdots, 2^n - 1\}$ 和 $f(x) \in \{0, 1\}$ 进行变换 $|x\rangle|y\rangle \to |x\rangle|y \oplus f(x)\rangle$ 的黑箱 U_f,已知 $f(x)$ 或者对所有的 x 是常数或者是平衡的,即恰好对于

所有可能的 x 一半取 0、一半取 1。

  输出：当且仅当 $f(x)$ 是常数时为 0。

  运行时间：计算 U_f 一次，总是成功的。

  过程：

  (1) $|\psi_0\rangle = |0\rangle^{\otimes n}|1\rangle$

  (2) $|\psi_1\rangle = \dfrac{1}{\sqrt{2^n}} \sum\limits_{x \in \{0,1\}^n} |x\rangle \left(\dfrac{|0\rangle - |1\rangle}{\sqrt{2}}\right)$

Hadamard 门产生均匀叠加态，$|00\cdots0\rangle \leqslant |x\rangle \leqslant |11\cdots1\rangle$ 共有 2^n 项。

  (3) $|\psi_2\rangle = \dfrac{1}{\sqrt{2^n}} \sum\limits_{x \in \{0,1\}^n} (-1)^{f(x)} |x\rangle \left(\dfrac{|0\rangle - |1\rangle}{\sqrt{2}}\right)$

用 U_f 算子变换。

因为 $H|x\rangle = \sum\limits_{z} (-1)^x \dfrac{|z\rangle}{\sqrt{2}}$，所以：

$$H^n|x_1 x_2 \cdots x_n\rangle = \sum_{z_1 z_2 \cdots z_n} (-1)^{x_1 z_1 + x_2 z_2 + \cdots + x_n z_n} \dfrac{|z_1 z_2 \cdots z_n\rangle}{\sqrt{2^n}} = \sum_{z \in \{0,1\}^n} (-1)^{x \cdot z} \dfrac{|z\rangle}{\sqrt{2^n}}$$

$$H\left(\dfrac{1}{\sqrt{2^n}} \sum_{x \in \{0,1\}^n} (-1)^{f(x)} |x\rangle\right) = \dfrac{1}{\sqrt{2}} \sum_{x \in \{0,1\}^n} (-1)^{f(x)} (H|x\rangle)$$

$$= \dfrac{1}{\sqrt{2^n}} \sum_{x \in \{0,1\}^n} (-1)^{f(x)} \left[\sum_{z \in \{0,1\}^n} (-1)^{x \cdot z} \dfrac{|z\rangle}{\sqrt{2^n}}\right]$$

$$= \dfrac{1}{2^n} \sum_{z \in \{0,1\}^n} \sum_{x \in \{0,1\}^n} (-1)^{x \cdot z + f(x)} |z\rangle$$

  (4) $|\psi_3\rangle = \dfrac{1}{2^n} \sum\limits_{z \in \{0,1\}^n} \sum\limits_{x \in \{0,1\}^n} (-1)^{x \cdot z + f(x)} |z\rangle \left[\dfrac{|0\rangle - |1\rangle}{\sqrt{2}}\right]$

注释：因为 $|0\rangle^{\otimes n}$ 的所有分量都为 0，因此

$$\sum_{x \in \{0,1\}^n} (-1)^{x \cdot z + f(x)} = \sum_{x \in \{0,1\}^n} (-1)^{f(x)}$$

① 若 $f(x)$ 为常数（0 或 1），则 $(-1)^{f(x)}$ 或为 +1 或为 -1，

$$\sum_{x \in \{0,1\}^n} (-1)^{f(x)} = \pm 2^n$$

即 $|0\rangle^n$ 的概率幅或为 $+1$ 或为 -1，

$$|\psi_3\rangle = \frac{1}{2^n}\left[\sum_{z\in\{0,1\}^n}(|0\rangle^n + \sum_{x\in\{0,1\}^n \text{ and } x\neq|0\rangle^n}(-1)^{x\cdot z+f(x)}|z\rangle)\right]\left[\frac{|0\rangle-|1\rangle}{\sqrt{2}}\right]$$

又因为 $|\psi_3\rangle$ 具有单位长度，即 $|\psi_3\rangle$ 所有项的系数（概率幅）的平方和为 1，所以所有其他幅度必须全为 0。此时 $|\psi_3\rangle = |0\rangle^n(\frac{|0\rangle-|1\rangle}{\sqrt{2}})$，因此如果 Alice 测量，必然全是 0。

② 若 $f(x)$ 为平衡函数，则 $|0\rangle^n$ 的概率幅为 $+1$ 或 -1 的个数相等，全部抵消，$|0\rangle^n$ 的系数为 0，但查寻寄存器 $|z\rangle^n$ 至少有一位测量结果为非 0。

③ 最后输出 $|z\rangle^n$，因此计算 U_f 一次，最终获得正确判断结果。

练习 1.1（概率经典算法） 假设问题不是确定性地区分常数和平衡函数，而是以误差 $\varepsilon < 1/2$ 的概率区分，那么问题的最佳经典算法的性能如何？

解析：最坏的情况下，Bob 做了 $2^n/2$ 次测量，计算 $f(\vec{x})$ 后返回 $2^n/2$ 次个 0（或返回 $2^n/2$ 次个 1）即 Bob 与 Alice 进行了 $2^n/2$ 次通信后，离 Alice 判断 $f(\vec{x})$ 是一个常数函数或是平衡函数的概率误差 $\varepsilon \leqslant 1/2$。显然计算 $f(\vec{x})$ 返回一个 0 的概率为 $1/2$（或返回一个 1 的概率为 $1/2$）。

那么连续计算获得 m 个 0（或 m 个 1）的概率 $p = 2/2^m \leqslant \varepsilon$，两边取以 2 为底的对数，$m \geqslant 1 - \log_2\varepsilon$。即 Bob 与 Alice 需要进行 $\lceil 1-\log_2\varepsilon \rceil$ 次通信，就可以误差 $\varepsilon < 1/2$ 的概率区分函数的性质。

量子算法的总结：

Deutsch-Jozsa 算法暗示着，量子计算机解决问题的效率有可能远远超越经典计算机，不幸的是，这个问题几乎没有什么意义，是否存在用量子算法可以更有效地获得解的更有意义的问题？这类算法背后的基本原理是什么？量子计算机计算能力的极限是什么？

广而言之，有三类优于已知经典算法的量子算法。第一类算法是基于 Fourier 变换的量子版本的一类算法，Fourier 变换在经典算法中也广泛应用，Deutsch-Jozsa 算法是这类算法的例子，Shor 的因子分解算法和离散对数算法也是这样。第二类算法是量子搜索算法。第三类算法是量子仿真，用量子计算机模拟量子系统。

解读6 Fourier 变换

离散 Fourier 变换通常被视为 N 维复数集合 $x_0, x_1, \cdots, x_{N-1}$ 到 N 维复数集合 $y_0, y_1, \cdots, y_{N-1}$ 的变换，定义如下：

$$y_k \equiv \frac{1}{\sqrt{N}} \sum_{j=0}^{N-1} e^{2\pi i j k/N} x_j$$

对照应用 Deutsch-Jozsa 算法的 Hadamard 变换，显然 Hadamard 变换是一类广义 Fourier 变换的特例。同样的思想，假设通过量子比特在计算基 $|j\rangle$，$(0 \leqslant j \leqslant 2^n - 1)$ 上的作用，定义一个 n 量子比特上的线性变换 U：

$$|j\rangle \to \frac{1}{\sqrt{2^n}} \sum_{k=0}^{2^n-1} e^{2\pi i j k/2^n} |k\rangle$$

可以验证该变换 U 是酉的，而且它还可以用量子可逆线路实现。还可以写出它在叠加态上的作用：(其中 $N = 2^n$)

$$\sum_{j=0}^{2^n-1} x_j |j\rangle \to \frac{1}{\sqrt{2^n}} \sum_{k=0}^{2^n-1} \left[\sum_{j=0}^{2^n-1} e^{2\pi i j k/2^n} x_j \right] |k\rangle = \sum_{k=0}^{2^n-1} y_k |k\rangle$$

注：

$$e^{2\pi i j k/N} = \cos(2\pi j k/N) + i\sin(2\pi j k/N)$$

在经典情形下，快速 Fourier 变换大约花费 $N\log N = n2^n$ 步来完成 $N = 2^n$ 个数的 Fourier 变换。在量子计算机上，Fourier 变换可以用约 $(\log N)^2 = n^2$ 步完成，指数级节省了计算步骤。

解读7 量子搜索算法

量子搜索算法解决如下问题：给定大小为 N 的搜索空间，没有关于它的结构信息的先验知识，希望找到这个搜索空间中满足已知条件的一个元素。

量子搜索算法提供二次加速。量子搜索知识的应用比量子 Fourier 变换解决的问题更广。

解读 8 量子仿真

量子仿真将是量子计算机的一项重要应用。量子仿真的另一个应用是作为获得其他量子算法灵感的一般途径。

经典计算机模拟一般量子系统遇到困难的原因与它们难于模拟量子计算机大致相同。

存储具有 n 个不同元素的系统的量子状态需要大约 C^n 比特经典计算机的内存,量子计算机可以用 kn 量子比特进行模拟。因此量子计算机可以有效模拟被认为在经典计算机上不能模拟的量子力学系统。量子仿真的一个关键步骤是研究有效地抽取期望答案的系统化方法。

经典 Moore 定律说:经典计算机的计算能力将以固定成本,约每两年增加一倍。然而,设想我们在经典计算机上模拟量子系统,要增加单个量子比特(或更大的系统)到被模拟的系统中,这需要经典计算机上存储量子系统状态的内存增加一倍或更多。

Moore 定律的量子推理(未必准确,作者提示:不必太认真、太较真):如果能够每两年向量子计算机增加一个量子比特,量子计算机将保持与经典计算机相同的步伐。

解读 9 量子计算的能力

图 1-8 描述了全体问题空间,包括经典计算机可解的问题空间和量子计算机可解的问题空间,以及两者之间的关系。假设圆形的 P 表示经典计算机可解的问题空间,那么包裹着圆形 P 的不规则的闭合区域 BQP 就表示量子计算机可以求解的问题空间,其中大数质因子分解和离散对数的求解在经典计算机上目前依然没有有效的多项式时空复杂度的算法,然而在量子计算上,20 世纪末就已证明存在多项式时空复杂度的量子算法。因此说量子计算机的能力可超越经典计算机,从目前的结果看是有依据的。

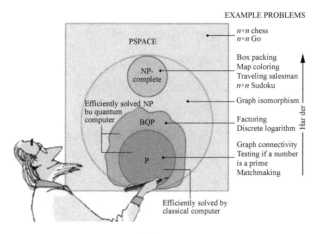

图 1-8

解读 10　实验量子信息处理

原子磁偶极矩——电子旋转所绕的轴。电子自旋与电子绕质子的普通旋转毫无关系。

串联的 Stern-Gerlach 实验结果说明了量子比特如何可以作为自然界系统的可信模型,量子比特是电子自旋的最好模型,量子比特模型能够描述所有物理系统。

投入时间和金钱来建造量子信息处理装置的理由:量子密码系统和分解大的合数的因子的实际应用;获得对自然界和信息处理根本认识的愿望。

使用中短期目标作为达成长期目标的阶梯,常常能加速技术上的进步。

我们知道量子计算与量子信息有多得惊人的小规模应用,它们并不都像量子因子分解算法那样耀眼,但小规模算法易实现,使它们成为极重要的中期目标。

量子状态和量子过程的层析是量子计算与量子信息中非常重要的过程,本身具有独立的价值。

量子状态层析是确定系统量子状态的一种方法:尽可能全方位、完整地获取量子状态的隐含信息,反复制备相同的量子状态,以不同的方式测量,建立量子状态的完整描述。

量子过程层析是要完整刻画量子系统的动态特性,量子过程层析能够用于刻画特定量子门的性能或量子通信的信道,或确定系统中噪声的类型和幅度。

非正交量子状态的不可区分性是量子计算与量子信息的核心概念,它是关于量子状态包含测量无法访问的隐含信息断言的根本,因此在量子算法和量子密码系统中扮演关键角色。量子信息论的一个中心问题就是,研究如何定量度量非正交量子状态的可区分程度。

> **练习1.2** 如果把两个非正交量子状态$|\psi\rangle$或$|\varphi\rangle$之一输入到一个装置,该装置能够正确识别该量子状态,试说明如何利用该装置建造一个可以克隆$|\psi\rangle$或$|\varphi\rangle$的装置,那么这样做就违反了不可克隆定理。相反地,说明如何把克隆设备用于区分非正交量子状态。

解析:设有装置D,显然D不能包含测量,因为测量不能区分状态$|\psi\rangle$和$|\varphi\rangle$,但根据题意,该装置能够正确识别输入的两个非正交量子状态$|\psi\rangle$或$|\varphi\rangle$之一,关于量子状态识别作用,可设D为酉算子,设$D|\psi\rangle=|0\rangle$或$D|\varphi\rangle=|1\rangle$能够正确识别(注:此处$|0\rangle$和$|1\rangle$仅表示其中的一种情况),于是可得$D^{\dagger}|0\rangle=|\psi\rangle$和$D^{\dagger}|1\rangle=|\varphi\rangle$,则状态$|\psi\rangle$和$|\varphi\rangle$将被克隆。

解读11 量子比特不能被复制称为不可克隆定理的解说

设A和B是两个量子系统,它们分别处于$|\varphi_A\rangle$和$|0_B\rangle$状态,后者是系统B在拷贝前所处的空白状态。假设有某种操作能够把系统A的任意量子态拷贝到系统B上,即

$$|\varphi_A\rangle\otimes|0_B\rangle \xrightarrow{\text{COPY}} |\varphi_A\rangle|\varphi_B\rangle$$

那么,同样的操作当然也能够将另一量子态从系统A拷贝到系统B上:

$$|\psi_A\rangle\otimes|0_B\rangle \xrightarrow{\text{COPY}} |\psi_A\rangle|\psi_B\rangle$$

取它们的叠加态$|\Omega\rangle=|\varphi_A\rangle+|\psi_B\rangle$,按量子态的线性叠加原理,我们有

$$|\Omega\rangle\otimes|0_B\rangle=|\varphi_A\rangle\otimes|0_B\rangle+|\psi_B\rangle\otimes|0_B\rangle \xrightarrow{\text{COPY}} |\varphi_A\rangle\otimes|\varphi_B\rangle+|\psi_B\rangle\otimes|\psi_B\rangle \neq |\Omega_A\rangle\otimes|\Omega_B\rangle$$

因为

$$|\Omega_A\rangle\otimes|\Omega_B\rangle=|\varphi_A\rangle\otimes|\varphi_B\rangle+|\varphi_A\rangle\otimes|\psi_B\rangle+|\psi_A\rangle\otimes|\varphi_B\rangle+|\psi_B\rangle\otimes|\psi_B\rangle$$

结论的矛盾表明,量子态的线性叠加原理排斥了克隆任意量子态的可能性。量子不可克隆定理是信息理论的重要基础,它为量子密码的安全性提供了理论保障。

例:高密度编码

解读 12　量子高密度编码

在量子通信领域中,我们利用量子纠缠状态实现量子高密度编码,量子高密度编码能够实现 1 个 qubit 传送 2 bit 信息的机能。本节就有关量子高密度编码的内容作一些说明。

现在假设送信者 A 希望送 2 bit 的经典信息给远处的收信者 B。此时送信者 A 只能利用唯一的一个 qubit 向收信者 B 传送信息,那么如何才能把 2 bit 的信息变成 1 qubit 编码进行传送呢,我们来考虑这个问题。

在实现通信之前,让送信者和收信者各自拥有贝尔状态

$$|\beta_{00}\rangle = \frac{|0\rangle_A|0\rangle_B + |1\rangle_A|1\rangle_B}{\sqrt{2}} \tag{3.2}$$

中的 qubit 对的各自状态。此时 $|*\rangle_A$ 表示送信者 A 拥有的 qubit,$|*\rangle_B$ 表示收信者 B 拥有的 qubit。例如备制如此纠缠状态的 qubit 对的工作,可由中国移动通信或者中国联通这样的通信网络公司完成,并分配给送信者和收信者各方,使他们共有纠缠状态(注意在这个阶段,纠缠状态里没有包含任何送、收信者的信息)。在送信者和收信者共同拥有纠缠状态之后,送信者 A 对应于自己想要发送的信息,在自己拥有的 qubit 上实施如下的操作:

希望发送的信息	对送信者拥有的 qubit 实施的操作
00 →	什么操作也不施加
01 →	施加 X-Gate 演算 $X = \begin{bmatrix} 0 & 1 \\ 1 & 0 \end{bmatrix}$
10 →	施加 Z-Gate 演算 $Z = \begin{bmatrix} 1 & 0 \\ 0 & -1 \end{bmatrix}$
11 →	施加 X-Gate 演算和 Z-Gate 演算 ZX

送信者 A 通过上述操作,将这个纠缠状态由上式所示的贝尔状态变化成下列状态。

希望发送的信息		施加操作后的纠缠状态

$$00 \to |\beta_{00}\rangle$$

$$01 \to X|\beta_{00}\rangle = \frac{(X|0\rangle_A)|0\rangle_B + (X|1\rangle_A)|1\rangle_B}{\sqrt{2}}$$

$$= \frac{|1\rangle_A|0\rangle_B + |0\rangle_A|1\rangle_B}{\sqrt{2}}$$

$$= |\beta_{01}\rangle$$

$$10 \to Z|\beta_{00}\rangle = \frac{(Z|0\rangle_A)|0\rangle_B + (Z|1\rangle_A)|1\rangle_B}{\sqrt{2}}$$

$$= \frac{|0\rangle_A|0\rangle_B - |1\rangle_A|1\rangle_B}{\sqrt{2}}$$

$$= |\beta_{10}\rangle$$

$$11 \to ZX|\beta_{00}\rangle = \frac{(ZX|1\rangle_A)|1\rangle_B + (ZX|1\rangle_A)|1\rangle_B}{\sqrt{2}}$$

$$= -\frac{|1\rangle_A|0\rangle_B + |0\rangle_A|1\rangle_B}{\sqrt{2}}$$

$$= |\beta_{11}\rangle$$

送信者 A 在对自己拥有的 qubit 实施操作以后将其传送给收信者 B。此时收信者 B 拥有的 qubit 对的状态,依赖于送信信息,取不同的贝尔状态。如前所述贝尔状态$\{|\beta_{00}\rangle, |\beta_{01}\rangle, |\beta_{10}\rangle, |\beta_{11}\rangle\}$构成正规直交基底,因此通过基于贝尔状态的测定,收信者能够正确地(即概率为1)知道 qubit 对的状态是 4 个状态中的哪一个,并能获取送信者发来的信息。具体的做法是,对应于测定的结果用下面的方法对信息实施恢复操作即可。

判定结果		送信信息
$|\beta_{00}\rangle$	→	00
$|\beta_{01}\rangle$	→	01
$|\beta_{10}\rangle$	→	10
$|\beta_{11}\rangle$	→	11

由此实现一个 qubit 传送两位 bit 值的高密度编码。

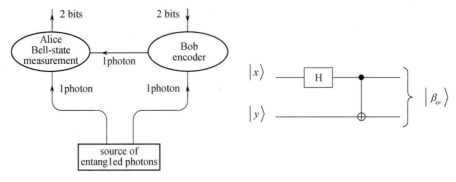

图 1-9　生成贝尔状态的量子状态变换回路

第 2 章　量子力学引论的阅读辅导与习题练习

阅读本章之前的说明：文中的公式号均与原著编号一致，公式号不连续的原因是原书中有一些编号对应的公式内容没有直接引用，所以略去；另有些连续的公式号已合成一道公式写出，采用连续公式的最后一个公式的公式号标注。标注公式号是为了读者能够方便地对应原著(或翻译版)的内容阅读。

量子力学对已知世界的描述是最精确和完整的，也是理解量子计算与量子信息的基础。

2.1 线性代数

阅读内容

线性代数研究向量空间及其上的线性算子，牢固掌握初等线性代数是理解好量子力学的基础。

量子力学其实很容易学习，难学的印象来自某些应用中的困难。

预备知识是初等线性代数，如果具备这方面的背景，读者就可以花一些时间做出那些简单的练习。

读完该节内容，读者就掌握了量子力学的全部基本原理，这节配备了大量练习以帮助巩固对内容的理解。

如表 2-1 所示是一些线性代数概念在量子力学中的标准记号，这种风格的记号称为 Dirac 记号。

表 2-1　Dirac 记号表

记　号	含　义
z^*	复数 z 的复共轭 $(1+i)^* = 1-i$
$\|\psi\rangle$	向量，又称为右态矢
$\langle\psi\|$	$\|\psi\rangle$ 的对偶向量，又称为左态矢
$\langle\varphi\|\psi\rangle$	向量 $\|\varphi\rangle$ 和 $\|\psi\rangle$ 的内积
$\|\varphi\rangle\otimes\|\psi\rangle$	向量 $\|\varphi\rangle$ 和 $\|\psi\rangle$ 的张量积
$\|\varphi\rangle\|\psi\rangle$	向量 $\|\varphi\rangle$ 和 $\|\psi\rangle$ 的张量积的缩写
A^*	矩阵 A 的复共轭
A^T	矩阵 A 的转置
$A^\dagger$	矩阵 A 的共轭、转置，或 Hermite 共轭，$A^\dagger = (A^T)^*$
$\langle\varphi\|A\|\psi\rangle$	向量 $\|\varphi\rangle$ 和 $A\|\psi\rangle$ 的内积，等价地，向量 $A^\dagger\|\varphi\rangle$ 和 $\|\psi\rangle$ 的内积

认同量子力学假设的主要障碍不在假设本身，而是为理解这些假设所需要的大量线性代数概念，再加上物理学家在量子力学中所采用的不常见的 Dirac 符号，这看起来(其实不然)相当可怕。

我们要求学生熟悉这些符号，反复使用这些符号，最终达到阅读这些符号后自然进入量子计算的境界，了解这些代数计算背后的物理系统是量子系统，不再是宏观经典的世界。

线性代数研究的基本对象是向量空间(vector space)，我们最感兴趣的向量空间是所有 n 元复数 $(z_1,\cdots,z_n)$ 构成的向量空间 C^n，向量空间的元素称为向量，有时也用列矩阵记号表示：

$$\begin{bmatrix} z_1 \\ \vdots \\ z_n \end{bmatrix}$$

向量空间中向量的标准量子力学符号为：

$$|\psi\rangle$$

向量空间包含一个特殊的零向量，记作 0。它满足性质：对任意向量 $|v\rangle$，等

式 $|v\rangle+0=|v\rangle$ 都成立。注意我们不用右态矢的记号表示零向量,这是唯一的例外,原因是 $|0\rangle$ 已有其他的含义。关于标量乘积,对任意复数 z,有 $z0=0$。为方便起见,我们用 $(z_1,\cdots,z_n)$ 表示项为 $z_1,\cdots,z_n$ 的列矩阵。C^n 的零元是 $(0,\cdots,0)$。向量空间 V 的一个向量子空间是 V 的一个子集 W,满足:W 也构成一个向量空间,即 W 必须对标量乘法和加法运算封闭。

2.1.1 基与线性无关

阅读内容

向量空间的一个生成集(spanning set)是一组向量 $|v_1\rangle,\cdots,|v_n\rangle$,它使得向量空间中的任意向量 $|v\rangle$ 都能表示成该组中向量的线性组合

$$|v\rangle = \sum_i a_i |v_i\rangle$$

一组非零向量 $|v_1\rangle,\cdots,|v_n\rangle$ 是线性相关的,如果存在一组复数 $a_1,\cdots,a_n$,其中至少对一个 i 有 $a_i \neq 0$,则 $a_1|v_1\rangle+a_2|v_2\rangle+\cdots+a_n|v_n\rangle=0$ 成立。

练习 2.1(例子线性相关) 证明 $(1,-1)$,$(1,2)$ 和 $(2,1)$ 是线性相关的。

解析:取 $a_1=1, a_2=1, a_3=-1$ 时,显然有:$(1,-1)+(1,2)-(2,1)=0$,所以 $(1,-1)$,$(1,2)$ 和 $(2,1)$ 线性相关。

2.1.2 线性算子与矩阵

阅读内容

向量空间 V 和 W 之间的线性算子定义为:任意对于输入是线性的函数 $A:V \rightarrow W$,满足:

$$A\left(\sum_i a_i |\psi\rangle\right) = \sum_i a_i A(|\psi\rangle) \quad (2.10)$$

线性算子和矩阵完全等价。

设 V, W 和 X 是向量空间,而 $A:V \rightarrow W$ 和 $B:W \rightarrow X$ 是线性算子,用记号 BA 表示 B 和 A 的复合,定义为 $(BA)(|v\rangle) \equiv B(A(|v\rangle))$,其中 $(BA)(|v\rangle)$ 简记为 $BA|v\rangle$。

一旦确定了线性算子 A 在一组基上的作用,则 A 在所有输入上的作用就完全被确定了。设 $A:V \rightarrow W$ 是向量空间 V 和 W 之间的一个线性算子,设 $|v_1\rangle,\cdots,$

$|v_m\rangle$ 是 V 的一组基，$|w_1\rangle,\cdots,|w_n\rangle$ 是 W 的一组基，则对于 $1,\cdots,m$ 中每一个 j，存在复数 A_{1j} 至 A_{nj}，使

$$A|v_j\rangle = \sum_i A_{ij}|w_i\rangle \tag{2.12}$$

具有元素 A_{ij} 的矩阵称为算子 A 的一个矩阵表示。

> **练习 2.2**（矩阵表示例子）　设 V 是以 $|0\rangle$ 和 $|1\rangle$ 为基向量的向量空间，A 是从 V 到 V 的线性算子，使 $A|0\rangle = |1\rangle$，$A|1\rangle = |0\rangle$，给出 A 相对于输入基 $|0\rangle$，$|1\rangle$ 和输出基 $|0\rangle$，$|1\rangle$ 的矩阵表示，找出使 A 具有不同矩阵表示的输入输出基。

解析：已知 $|0\rangle$ 和 $|1\rangle$ 的向量表示为：$|0\rangle \equiv \begin{bmatrix} 1 \\ 0 \end{bmatrix}$ 和 $|1\rangle \equiv \begin{bmatrix} 0 \\ 1 \end{bmatrix}$，设 $A \equiv \begin{bmatrix} a & b \\ c & d \end{bmatrix}$，根据题意：$A|0\rangle = |1\rangle$，$A|1\rangle = |0\rangle$，则有

$$\begin{bmatrix} a & b \\ c & d \end{bmatrix}\begin{bmatrix} 1 \\ 0 \end{bmatrix} = \begin{bmatrix} 0 \\ 1 \end{bmatrix}, \begin{bmatrix} a & b \\ c & d \end{bmatrix}\begin{bmatrix} 0 \\ 1 \end{bmatrix} = \begin{bmatrix} 1 \\ 0 \end{bmatrix}$$

解方程得：$a=0, b=1, c=1, d=0$，即 A 相对于输入基 $|0\rangle$，$|1\rangle$ 和输出基 $|0\rangle$，$|1\rangle$ 的矩阵表示为：$A = \begin{bmatrix} 0 & 1 \\ 1 & 0 \end{bmatrix}$。

又已知

$$|+\rangle \equiv \frac{1}{\sqrt{2}}|0\rangle + \frac{1}{\sqrt{2}}|1\rangle, |-\rangle \equiv \frac{1}{\sqrt{2}}|0\rangle - \frac{1}{\sqrt{2}}|1\rangle$$

则：

$$A|0\rangle = |+\rangle = \frac{1}{\sqrt{2}}|0\rangle + \frac{1}{\sqrt{2}}|1\rangle = \frac{1}{\sqrt{2}}\begin{bmatrix} 1 \\ 1 \end{bmatrix}, A|1\rangle = |-\rangle = \frac{1}{\sqrt{2}}|0\rangle - \frac{1}{\sqrt{2}}|1\rangle = \frac{1}{\sqrt{2}}\begin{bmatrix} 1 \\ -1 \end{bmatrix}$$

$$A|0\rangle = |+\rangle \Rightarrow \begin{bmatrix} a & b \\ c & d \end{bmatrix}\begin{bmatrix} 1 \\ 0 \end{bmatrix} = \frac{1}{\sqrt{2}}\begin{bmatrix} 1 \\ 1 \end{bmatrix}, A|1\rangle = |-\rangle \Rightarrow \begin{bmatrix} a & b \\ c & d \end{bmatrix}\begin{bmatrix} 0 \\ 1 \end{bmatrix} = \frac{1}{\sqrt{2}}\begin{bmatrix} 1 \\ -1 \end{bmatrix}$$

解方程得：$a = \frac{1}{\sqrt{2}}, b = \frac{1}{\sqrt{2}}, c = \frac{1}{\sqrt{2}}, d = -\frac{1}{\sqrt{2}}$，即 A 相对于输入基 $|0\rangle$，$|1\rangle$ 和输出

基 $|0\rangle, |1\rangle$ 的另一种矩阵表示为：

$$A = \begin{bmatrix} \frac{1}{\sqrt{2}} & \frac{1}{\sqrt{2}} \\ \frac{1}{\sqrt{2}} & -\frac{1}{\sqrt{2}} \end{bmatrix} = \frac{1}{\sqrt{2}} \begin{bmatrix} 1 & 1 \\ 1 & -1 \end{bmatrix}$$

如图 2.1 所示为量子比特的 Bloch 球面，其中 $\{|0\rangle, |1\rangle\}$ 和 $\{|+\rangle, |-\rangle\}$ 是两组标准正交基。

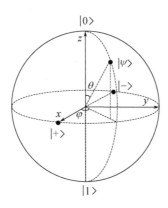

图 2.1 量子比特的 Bloch 球面

一般地，向量空间可能有许多不同的生成集，从量子比特的 Bloch 球面看，该题的第二个问题可以有无穷多解。

> **练习 2.3**（算子乘积的矩阵表示） 设 A 是从向量空间 V 到向量空间 W 的线性算子，B 是从向量空间 W 到向量空间 X 的线性算子，令 $|v_i\rangle, |w_j\rangle$ 和 $|x_k\rangle$ 分别为向量空间 V, W 和 X 的基，证明线性变换 BA 的矩阵表示就是 B 和 A 在相应基下矩阵表示的矩阵乘积。

解析：根据题意设：$A|v_i\rangle = \sum_j A_{ji} |w_j\rangle$；$B|w_j\rangle = \sum_k B_{kj} |x_k\rangle$，
因为：

$$BA|v_i\rangle = B(\sum_j A_{ji} |w_j\rangle) = \sum_j A_{ji} (B|w_j\rangle)$$
$$= \sum_j A_{ji} (\sum_k B_{kj} |x_k\rangle) = \sum_k (\sum_j B_{kj} A_{ji}) |x_k\rangle$$

显然 $\sum_j B_{kj}A_{ji}$ 表示 B 和 A 乘积 BA 矩阵的第 i 行第 j 列的元素,则:

$$\sum_k \sum_j B_{kj}A_{ji}|x_k\rangle = \sum_k (BA)_{ki}|x_k\rangle$$

所以有

$$(BA)_{ki} = \sum_j B_{kj}A_{ji}$$

即线性变换 BA 的矩阵表示就是 B 和 A 在相应基下矩阵表示的矩阵乘积。

> **练习 2.4**(恒等算子的矩阵表示) 证明如果输入和输出空间取相同的基,向量空间 V 上的恒等算子的矩阵表示中,对角线为 1 而其他元素为 0,这种矩阵称为单位阵(identity matrix)。

解析 1:根据题意有 $I|v_j\rangle = \sum_i A_{ij}|v_i\rangle = |v_j\rangle$,则 $A_{ij} = \delta_{ij}$。

注:$\delta_{ij} \equiv \begin{cases} 0 & i \neq j \\ 1 & i = j \end{cases}$。

解析 2:反证。设 I 为恒等算子,设 $|v_i\rangle i = 1,2,\cdots,n$ 为 n 维空间的基,则有 $I|v_i\rangle = |v_i\rangle$,假设不失一般性,且 $i < j$,则 $I(i,j)|v_j\rangle = 2|v_j\rangle$,与恒等算子定义矛盾,因此恒等算子除对角线元素以外,其他元素皆为 $I(i,j) = 0$。

$$I(i,j) \neq 0 \Rightarrow \begin{array}{c} \\ \vdots \\ i \\ \vdots \\ j \\ \vdots \end{array} \begin{bmatrix} 1 & \square & \cdots & \square & \cdots & \square & \cdots \\ \square & \ddots & & & & & \\ \square & & 1 & & 1 & & \\ \square & & & \ddots & & & \\ \square & & & & 1 & & \\ \square & & & & & & 1 \end{bmatrix}$$

2.1.3 Pauli 阵

阅读内容

Pauli 阵指四个常用矩阵,它们是 2×2 的矩阵,并各有记号:

$$\sigma_0 \equiv I \equiv \begin{bmatrix} 1 & 0 \\ 0 & 1 \end{bmatrix}, \sigma_1 \equiv \sigma_x \equiv X \equiv \begin{bmatrix} 0 & 1 \\ 1 & 0 \end{bmatrix},$$

$$\sigma_2 \equiv \sigma_y \equiv Y \equiv \begin{bmatrix} 0 & -i \\ i & 0 \end{bmatrix}, \sigma_3 \equiv \sigma_z \equiv Z \equiv \begin{bmatrix} 1 & 0 \\ 0 & -1 \end{bmatrix}$$

2.1.4 内积

阅读内容

内积是向量空间上的二元复数函数,两个向量$|v\rangle$和$|w\rangle$的内积是一个复数,暂且把$|v\rangle$和$|w\rangle$的内积写成$(|v\rangle,|w\rangle)$,内积在量子力学中的标准记号为$\langle v|w\rangle$。

从$V \times V$到C的函数$(\bullet,\bullet)$是内积,如果它满足以下条件:

(1) $(\bullet,\bullet)$对第二个自变量是线性的,即

$$\left(|v\rangle, \sum_i \lambda_i |w_i\rangle\right) = \sum_i \lambda_i (|v\rangle, |w_i\rangle) \tag{2.13}$$

(2) $(|v\rangle, |w\rangle) = (|w\rangle, |v\rangle)^*$;

(3) $(|v\rangle, |v\rangle) \geqslant 0$,当且仅当$|v\rangle = 0$时取等号。

定义C^n的内积:

$$((y_1,\cdots,y_n),(z_1,\cdots,z_n)) \equiv \sum_i y_i^* z_i = \begin{bmatrix} y_1^*, \cdots, y_n^* \end{bmatrix} \begin{bmatrix} z_1 \\ \vdots \\ z_n \end{bmatrix} \tag{2.14}$$

练习2.5 验证$(\bullet,\bullet)$定义了C^n上的一个内积。

解析:根据内积定义的三个条件验证。

因为C^n具有内积定义:

$$((y_1,\cdots,y_n),(z_1,\cdots,z_n)) \equiv \sum_i y_i^* z_i = \begin{bmatrix} y_1^*, \cdots, y_n^* \end{bmatrix} \begin{bmatrix} z_1 \\ \vdots \\ z_n \end{bmatrix}$$

则有:

(1) $((y_1,\cdots,y_n), \lambda(z_1,\cdots,z_n)) = \begin{bmatrix} y_1^*, \cdots, y_n^* \end{bmatrix} \lambda \begin{bmatrix} z_1 \\ \vdots \\ z_n \end{bmatrix} = \lambda \begin{bmatrix} y_1^*, \cdots, y_n^* \end{bmatrix} \begin{bmatrix} z_1 \\ \vdots \\ z_n \end{bmatrix}$

$$= \lambda((y_1,\cdots,y_n),(z_1,\cdots,z_n))$$

所以：

$$\left(|y\rangle, \sum_i \lambda_i |z_i\rangle\right) = \sum_i \lambda_i (|y\rangle, |z_i\rangle)$$

(2) $((z_1, \cdots, z_n), (y_1, \cdots, y_n))^* = \left(\sum_i z_i^* y_i\right)^* = \sum_i (z_i^* y_i)^*$

$$= \sum_i y_i^* z_i = [y_1^*, \cdots, y_n^*] \begin{bmatrix} z_1 \\ \vdots \\ z_n \end{bmatrix}$$

$$= ((y_1, \cdots, y_n), (z_1, \cdots, z_n))$$

所以有：

$$(|v\rangle, |w\rangle) = (|w\rangle, |v\rangle)^*$$

(3) 因为有

$$((y_1, \cdots, y_n), (y_1, \cdots, y_n)) \equiv \sum_i y_i^* y_i = \sum_i y_i^2 \geqslant 0$$

显然，当且仅当 $|y\rangle = 0$ 时取等号。

练习 2.6 证明任意内积 $(\cdot, \cdot)$ 对第一个自变量都是共轭线性的

$$\left(\sum_i \lambda_i |w_i\rangle, |v\rangle\right) = \sum_i \lambda_i^* (|w_i\rangle, |v\rangle) \tag{2.15}$$

证明：根据 $(\cdot, \cdot)$ 的内积定义，

$$((y_1, \cdots, y_n), (z_1, \cdots, z_n)) \equiv \sum_i y_i^* z_i = [y_1^*, \cdots, y_n^*] \begin{bmatrix} z_1 \\ \vdots \\ z_n \end{bmatrix}$$

所以有下式成立：

$$\left(\sum_i \lambda_i |w_i\rangle, |v\rangle\right) = \sum_i (\lambda_i w_i)^* v_i$$

$$= [\lambda_1^* w_1^*, \cdots, \lambda_n^* w_n^*] \begin{bmatrix} v_1 \\ \vdots \\ v_n \end{bmatrix}$$

$$= \sum_i \lambda_i^* (|w_i\rangle, |v\rangle)$$

阅读内容

在有限维复向量空间研究量子计算与量子信息时,时常提到 Hilbert 空间,此时 Hilbert 空间与内积空间是一回事。如果向量 $|v\rangle$ 和 $|w\rangle$ 的内积为 0,则称它们为正交(orthogonal)。定义向量 $|\psi\rangle$ 的范数为:

$$\||\psi\rangle\| = \sqrt{\langle\psi|\psi\rangle} \tag{2.16}$$

向量 $|\psi\rangle$ 是单位向量(unit vector),如果满足 $\||\psi\rangle\|=1$,还称向量 $|\psi\rangle$ 为归一化的(normalized)。对于任意非零向量 $|\psi\rangle$,向量除以其范数,称为向量的归一化,即 $|\psi\rangle/\||\psi\rangle\|$ 是 $|\psi\rangle$ 的归一化形式。一组以 i 为指标的向量 $|i\rangle$ 称为标准正交(orthonormal)向量组,如果每个向量都是单位向量,不同向量之间正交,即 $\langle i|j\rangle = \delta_{ij}$,其中 i 和 j 都取自指标集。

练习 2.7 验证 $|w\rangle \equiv (1,1)$ 和 $|v\rangle \equiv (1,-1)$ 正交,这些向量的归一化形式是什么?

解析: 根据题意

$$(|v\rangle, |w\rangle) \equiv \begin{bmatrix} 1 & 1 \end{bmatrix} \begin{bmatrix} 1 \\ -1 \end{bmatrix} = 1 - 1 = 0$$

所以 $|v\rangle$ 与 $|w\rangle$ 正交。且 $|w\rangle$ 的范数为:$\||w\rangle\| = \sqrt{\langle w|w\rangle} = \sqrt{2}$,则向量 $|w\rangle$ 归一化的形式为:$|w\rangle = \left(\frac{1}{\sqrt{2}}, \frac{1}{\sqrt{2}}\right)$;同理 $\||v\rangle\| = \sqrt{\langle v|v\rangle} = \sqrt{2}$,$|v\rangle$ 归一化的形式为:$|v\rangle = \left(\frac{1}{\sqrt{2}}, \frac{-1}{\sqrt{2}}\right)$。

阅读内容

设 $|w_1\rangle, \cdots, |w_d\rangle$ 是某内积空间 V 的一个基,通过使用 Gram-Schmidt(格拉姆-施密特正交化)过程的方法,能产生向量空间 V 的一组标准正交基 $|v_1\rangle, \cdots, |v_d\rangle$。定义 $|v_1\rangle \equiv |w_1\rangle/\||w_1\rangle\|$,且对 $1 \leqslant k \leqslant d-1$,递归的定义 $|v_{k+1}\rangle$ 为

$$|v_{k+1}\rangle \equiv \frac{|w_{k+1}\rangle - \sum_{i=1}^{k}\langle v_i|w_{k+1}\rangle|v_i\rangle}{\left\||w_{k+1}\rangle - \sum_{i=1}^{k}\langle v_i|w_{k+1}\rangle|v_i\rangle\right\|} \tag{2.17}$$

不难验证向量$|v_1\rangle,\cdots,|v_d\rangle$构成了标准正交向量组,而且也是$V$的一个基。于是任意的维数为$d$的有限维内积空间都有标准正交基$|v_1\rangle,\cdots,|v_d\rangle$。(应该记住的结论!)

练习 2.8 证明 Gram-Schmidt 过程产生V的一个标准正交基。

证明: 根据题意$|w_1\rangle,\cdots,|w_d\rangle$张成空间$V^d$,且$|v_1\rangle\equiv|w_1\rangle/\||w_1\rangle\|$,显然有$\||v_1\rangle\|=1$。

根据式(2.17)Gram-Schmidt 构造法,有

$$|v_2\rangle\equiv|w_2\rangle-\langle w_2\mid\frac{v_1}{\|v_1\|}\rangle\mid\frac{v_1}{\|v_1\|}\rangle$$

$$|v_3\rangle\equiv|w_3\rangle-\langle w_3\mid\frac{v_2}{\|v_2\|}\rangle\mid\frac{v_2}{\|v_2\|}\rangle$$

$$\cdots\cdots$$

可以推出

$$|v_{k+1}\rangle\equiv\frac{|w_{k+1}\rangle-\sum_{i=1}^{k}\langle v_i\mid w_{k+1}\rangle|v_i\rangle}{\||w_{k+1}\rangle-\sum_{i=1}^{k}\langle v_i\mid w_{k+1}\rangle|v_i\rangle\|}$$

证明使用 Gram-Schmidt 过程的方法构造的$|v_1\rangle,\cdots,|v_d\rangle$是一组标准正交基。

证明 1: 直接由定义。

$$|v_{k+1}\rangle\equiv\frac{|w_{k+1}\rangle-\sum_{i=1}^{k}\langle v_i\mid w_{k+1}\rangle|v_i\rangle}{\||w_{k+1}\rangle-\sum_{i=1}^{k}\langle v_i\mid w_{k+1}\rangle|v_i\rangle\|}$$

给出$\langle v_{k+1}\mid v_{k+1}\rangle=1$和$\langle v_m\mid v_n\rangle=0,m\neq n$。

归一化证明: 因为以下两等式成立:

$$\left(|w_{k+1}\rangle-\sum_{i=1}^{k}\langle v_i\mid w_{k+1}\rangle|v_i\rangle\right)^*\left(|w_{k+1}\rangle-\sum_{j=1}^{k}\langle v_j\mid w_{k+1}\rangle|v_j\rangle\right)=$$

$$\left(|w_{k+1}\rangle-\sum_{j=1}^{k}\langle v_j\mid w_{k+1}\rangle|v_j\rangle\right)^2$$

$$\Big\| |w_{k+1}\rangle - \sum_{i=1}^{k}\langle v_i | w_{k+1}\rangle | v_i\rangle \Big\|^2 = \Big(|w_{k+1}\rangle - \sum_{j=1}^{k}\langle v_j | w_{k+1}\rangle | v_j\rangle\Big)^2$$

所以有 $\langle v_{k+1} | v_{k+1}\rangle = 1$。

正交性证明：因为 $|w_1\rangle,\cdots,|w_d\rangle$ 是内积空间 V 的一组基，不失一般性，设 $1 \leqslant m < n \leqslant d$，则：令

$$A = \Big\| |w_m\rangle - \sum_{j=1}^{m-1}\langle v_j | w_m\rangle | v_j\rangle \Big\|, \quad B = \Big\| |w_n\rangle - \sum_{j=1}^{n-1}\langle v_j | w_n\rangle | v_j\rangle \Big\|$$

$$\langle v_m | v_n\rangle = \frac{(\langle w_m| - \sum_{i=1}^{m-1}(\langle v_i | w_m\rangle)^*\langle v_i|)}{A} \frac{(|w_n\rangle - \sum_{j=1}^{n-1}\langle v_j | w_n\rangle | v_j\rangle)}{B}$$

$$= \Big[\langle w_m | w_n\rangle - \sum_{i=1}^{m-1}(\langle v_i | w_m\rangle)^*\langle v_i | w_m\rangle - \sum_{j=1}^{n-1}\langle v_j | w_n\rangle\langle w_n | v_j\rangle$$

$$- \sum_{\substack{i=1,\cdots,m-1\\ j=1,\cdots,n-1}}(\langle v_i | w_m\rangle)^*(\langle v_j | w_n\rangle)\delta_{ij}\Big]/AB$$

$$= \Big[\langle w_m | w_n\rangle - \sum_{i}\langle w_n | v_i\rangle\langle v_i | w_m\rangle\Big]/AB = 0$$

所以当 $m \neq n$ 时，有 $\langle v_m | v_n\rangle = 0$。

注：$\langle w_m | w_n\rangle = 0$，又 $|v_j\rangle\langle v_i| = \begin{bmatrix} & & i & & \\ \square & 0 & 0 & \cdots & 0 \\ \square & \vdots & \vdots & \cdots & \vdots \\ \square & & & & \\ j & \cdots & 1 & \cdots & \vdots \\ \square & 0 & \cdots & \cdots & 0 \end{bmatrix}$，有 $\langle v_i | v_j\rangle = \delta_{ij}$，

故 $i < m < n$ 时必有 $\langle w_n | v_j\rangle\langle v_i | w_m\rangle = 0$。

证明2：由代数方法推演。

因为 $|w_1\rangle,\cdots,|w_{k+1}\rangle$ 是内积空间 V 的一组基，线性无关。使用 Gram-Schmidt 过程的方法构造 $|v_1\rangle,\cdots,|v_{k+1}\rangle$。构造过程如下：

$$|\tau_1\rangle = |w_1\rangle$$

$$|\tau_2\rangle = |w_2\rangle - \frac{\langle w_2 | \tau_1\rangle}{\langle \tau_1 | \tau_1\rangle}|\tau_1\rangle$$

$$|\tau_3\rangle = |w_3\rangle - \frac{\langle w_3 | \tau_1 \rangle}{\langle \tau_1 | \tau_1 \rangle}|\tau_1\rangle - \frac{\langle w_3 | \tau_2 \rangle}{\langle \tau_2 | \tau_2 \rangle}|\tau_2\rangle$$

$$\cdots\cdots$$

$$|\tau_{k+1}\rangle = |w_{k+1}\rangle - \frac{\langle w_{k+1} | \tau_1 \rangle}{\langle \tau_1 | \tau_1 \rangle}|\tau_1\rangle - \frac{\langle w_{k+1} | \tau_2 \rangle}{\langle \tau_2 | \tau_2 \rangle}|\tau_2\rangle - \cdots - \frac{\langle w_{k+1} | \tau_k \rangle}{\langle \tau_k | \tau_k \rangle}|\tau_k\rangle$$

则 $|\tau_1\rangle,\cdots,|\tau_{k+1}\rangle$ 均为非零向量，且两两正交。再令

$$|v_j\rangle = \frac{|\tau_j\rangle}{\||\tau_j\rangle\|}, j=1,2,\cdots,k+1$$

因为 $|w_1\rangle,\cdots,|w_{k+1}\rangle$ 线性独立，所以 $|\tau_j\rangle \neq 0, \||\tau_j\rangle\| \neq 0, j=1,2,\cdots,k+1$。再令 $|v_j\rangle$ 为矩阵 $U=[|v_1\rangle,|v_2\rangle,\cdots,|v_d\rangle]$ 的第 j 列，显然有 $\langle v_i | v_j \rangle = \delta_{ij}$，即矩阵 U 是正交矩阵，又因为主对角线元素不为 0，U 是正则矩阵，则 U 的逆 U^{-1} 存在，以上计算可得

$$UU^{-1} = U^{-1}U = I$$

所以 U 是酉矩阵，则 $|v_1\rangle,\cdots,|v_{k+1}\rangle$ 为内积空间 V 的一组规范正交基。

阅读内容

从现在起，提到线性算子的矩阵表示时，我们总是指相对标准正交的输入输出基的矩阵表示，同时约定当线性算子的输入输出空间相同时，除非特别说明，输入输出基也取为相同。

在这样的约定下，Hilbert 空间上的内积可以方便地以矩阵形式表述。令 $|w\rangle = \sum_j w_j |j\rangle$ 和 $|v\rangle = \sum_i v_i |i\rangle$ 是向量 $|w\rangle$ 和 $|v\rangle$ 相对某个标准正交基 $|i\rangle$ 的表示，因为 $\langle i | j \rangle = \delta_{ij}$，则：

$$\langle v | w \rangle = \left(\sum_i v_i |i\rangle, \sum_j w_j |j\rangle\right) = \sum_{ij} v_i^* w_j \delta_{ij} = \sum_i v_i^* w_i = \begin{bmatrix} v_1^* & \cdots & v_n^* \end{bmatrix}\begin{bmatrix} w_1 \\ \vdots \\ w_n \end{bmatrix}$$

(2.18)

两个向量的内积就等于向量矩阵表示的内积。

采用内积 $(\bullet,\bullet)$ 函数表示外积 (outer product)，是利用内积表示线性算子的一个有用方法（有效的办法），设 $|v\rangle$ 是内积空间 V 中的向量，$|w\rangle$ 是内积空

间 W 中的向量,定义 $|w\rangle\langle v|$ 为从 V 到 W 的线性算子,则:

$$(|w\rangle\langle v|)(|v'\rangle) \equiv |w\rangle\langle v|v'\rangle = \langle v|v'\rangle|w\rangle \tag{2.20}$$

表达式 $|w\rangle\langle v|v'\rangle$ 有两种含义:算子 $|w\rangle\langle v|$ 作用在 $|v'\rangle$ 上;向量 $|w\rangle$ 与一个复数 $\langle v|v'\rangle$ 相乘。

外积算子 $|w\rangle\langle v|$ 进行线性组合的方式是显然的,因为根据定义 $\sum_i a_i|w_i\rangle\langle v_i|$ 是一个线性算子,其在 $|v'\rangle$ 上的作用将产生输出 $\sum_i a_i|w_i\rangle\langle v_i|v'\rangle$。

外积概念的有用性可以从标准正交向量的称为完备性关系(completeness relation)的重要结果看出。令 $|i\rangle$ 为向量空间 V 的任意标准正交基,则任意向量 $|v\rangle$ 可以写成 $|v\rangle = \sum_i v_i|i\rangle$,$v_i$ 是一组复数。注意到 $\langle i|v\rangle = |v_i\rangle$,于是

$$\left(\sum_i |i\rangle\langle i|\right)|v\rangle = \sum_i |i\rangle\langle i|v\rangle = \sum_i v_i|i\rangle = |v\rangle \tag{2.21}$$

由于最后一个等式对所有 $|v\rangle$ 成立,故有

$$\sum_i |i\rangle\langle i| = I$$

这个等式称为完备性关系。完备性关系的一个应用是把任意线性算子表示成外积形式。

设 $A:V \to W$ 是一个线性算子,$|v_i\rangle$ 是 V 的一组标准正交基,且 $|w_j\rangle$ 是 W 的一组标准正交基,两次应用完备性关系得到

$$A = I_W A I_V = \sum_{ij} |w_j\rangle\langle w_j|A|v_i\rangle\langle v_i| = \sum_{ij} \langle w_j|A|v_i\rangle|w_j\rangle\langle v_i| \tag{2.25}$$

这就是 A 的外积表示。从该表达式还可以看到相对于输入基 $|v_i\rangle$ 和输出基 $|w_j\rangle$,A 的第 i 列第 j 行的元素是 $\langle w_j|A|v_i\rangle$。

第二个说明完备性关系有用的应用是 Cauchy-Schwarz 不等式。

> **盒子 2.1　Cauchy-Schwarz 不等式**
>
> Cauchy-Schwarz 不等式是 Hilbert 空间的一个重要几何事实,它断言对两个任意向量 $|v\rangle$ 和 $|w\rangle$,成立 $|\langle v|w\rangle|^2 \leqslant \langle v|v\rangle \langle w|w\rangle$。为证明该不等式,采用 Gram-Schmidt 过程构造向量空间的一组标准正交基 $|i\rangle$,使基 $|i\rangle$ 的第一个成员为 $|w\rangle/\sqrt{\langle w|w\rangle}$。根据完备性关系 $\sum_i |i\rangle\langle i| = I$,并舍弃一些非负项,可导出
>
> $$\langle v|v\rangle \langle w|w\rangle = \sum_i \langle v|i\rangle \langle i|v\rangle \langle w|w\rangle$$
> $$\geqslant \frac{\langle v|w\rangle \langle w|v\rangle}{\langle w|w\rangle} \langle w|w\rangle$$
> $$= \langle v|w\rangle \langle w|v\rangle = |\langle v|w\rangle|^2 \quad (2.28)$$
>
> 如所要求的,不难看出,当且仅当 $|v\rangle$ 和 $|w\rangle$ 有线性关系,即 $|v\rangle = z|w\rangle$ 或 $|w\rangle = z|v\rangle$ 对某个标量 z 成立,上式取等号。

练习 2.9(Pauli 算子和外积)　Pauli 矩阵可被视为相对标准正交基 $|0\rangle,|1\rangle$ 的二维 Hilbert 空间上的算子,试将每个 Pauli 算子表示为外积形式。

解析:因为:

$$\sigma_0 \equiv I \equiv \begin{bmatrix} 1 & 0 \\ 0 & 1 \end{bmatrix}, \sigma_1 \equiv \sigma_x \equiv X \equiv \begin{bmatrix} 0 & 1 \\ 1 & 0 \end{bmatrix},$$

$$\sigma_2 \equiv \sigma_y \equiv Y \equiv \begin{bmatrix} 0 & -i \\ i & 0 \end{bmatrix}, \sigma_3 \equiv \sigma_z \equiv Z \equiv \begin{bmatrix} 1 & 0 \\ 0 & -1 \end{bmatrix}$$

根据式(2.25)计算可得 Pauli 算子的外积形式为:

$$I = |0\rangle\langle 0| + |1\rangle\langle 1|, X = |0\rangle\langle 1| + |1\rangle\langle 0|,$$
$$Y = -i|0\rangle\langle 1| + i|1\rangle\langle 0|, Z = |0\rangle\langle 0| - |1\rangle\langle 1|$$

练习 2.10　设 $|v_i\rangle$ 是内积空间 V 的一个标准正交基,相对基 $|v_i\rangle$,算子 $|v_j\rangle\langle v_k|$ 的矩阵表示是什么?

解析:根据式(2.25),有

$$\sum_{nm} \langle v_n|(|v_j\rangle\langle v_k|)|v_m\rangle \xrightarrow{\text{仅当} n=j, m=k \text{时内积} \langle v_n|v_j\rangle\langle v_k|v_m\rangle \text{不为零}} \langle v_j|v_j\rangle\langle v_k|v_k\rangle = 1$$

即第i列第j行的元素是1,其余都为0:

$$|v_i\rangle\langle v_k| = \begin{array}{c} \\ i \\ \\ \\ \end{array}\begin{array}{c} \quad\quad\quad k \\ \begin{bmatrix} 0 & \cdots & \vdots & 0 \\ \cdots & \cdots & 1 & \vdots \\ \vdots & \vdots & \vdots & \vdots \\ 0 & \cdots & \cdots & 0 \end{bmatrix} \end{array}$$

2.1.5 特征向量和特征值

阅读内容

线性算子A在向量空间上的特征向量指非零向量$|v\rangle$,使得$A|v\rangle = \lambda|v\rangle$,其中$\lambda$是一个复数,称为$A$对应于$|v\rangle$的特征值。算子$A$的特征函数$c(\lambda) \equiv \det|A - \lambda I|$,求出算子$A$的特征根,解出特征方程$c(\lambda) = 0$的根是算子$A$的特征根。

向量空间V上算子A的对角表示是具有形式$A = \sum_i \lambda_i |v_i\rangle\langle v_i|$的一种表示,其中向量组$|v_i\rangle$是$A$的特征向量构成的标准正交向量组,对应的特征值为$\lambda_i$。

如果一个算子有一个对角表示,它被称为可对角化。对角表示有时也称为标准正交分解。

当本征空间大于一维时,称为简并(degenerate)。例如,定义为

$$A = \begin{bmatrix} 2 & 0 & 0 \\ 0 & 2 & 0 \\ 0 & 0 & 0 \end{bmatrix}$$

的矩阵A对应于特征值2有一个二维本征空间,特征向量$(1,0,0)$和$(0,1,0)$称为简并的,因为它们是线性无关且对应A的同一个特征值。

> **练习2.11**(Pauli矩阵的特征分解) 找出Pauli矩阵X, Y和Z的特征向量、特征值和对角表示。

解析:求Pauli矩阵X的特征值:

$$\det|X - \lambda I| = 0, \begin{bmatrix} 0 & 1 \\ 1 & 0 \end{bmatrix} - \lambda \begin{bmatrix} 1 & 0 \\ 0 & 1 \end{bmatrix} = \begin{bmatrix} -\lambda & 1 \\ 1 & -\lambda \end{bmatrix} = (-\lambda)^2 - 1 = 0, \lambda_{1,2} = \pm 1.$$

求 $\lambda_1 = 1$ 的特征向量:

$$[X - \lambda_1 I]|v_1\rangle = \begin{bmatrix} -1 & 1 \\ 1 & -1 \end{bmatrix} \begin{bmatrix} x_1 \\ x_2 \end{bmatrix} = \begin{bmatrix} 0 \\ 0 \end{bmatrix} \Rightarrow x_2 - x_1 = 0, x_1 - x_2 = 0 \Rightarrow x_1 = x_2。$$

令 $x_1 = 1$, 归一化:

$$|v_1\rangle = \frac{1}{\sqrt{2}} \begin{bmatrix} 1 \\ 1 \end{bmatrix} = \frac{1}{\sqrt{2}} \left(\begin{bmatrix} 1 \\ 0 \end{bmatrix} + \begin{bmatrix} 0 \\ 1 \end{bmatrix} \right) = \frac{1}{\sqrt{2}} (|0\rangle + |1\rangle) = |+\rangle$$

同理求 $\lambda_2 = -1$ 的特征向量, $x_1 = -x_2$。令 $x_1 = 1$。
归一化:

$$|v_2\rangle = \frac{1}{\sqrt{2}} \begin{bmatrix} 1 \\ -1 \end{bmatrix} = \frac{1}{\sqrt{2}} \left(\begin{bmatrix} 1 \\ 0 \end{bmatrix} - \begin{bmatrix} 0 \\ 1 \end{bmatrix} \right) = |-\rangle$$

所以 Pauli 矩阵 X 的对角表示为: $X = |+\rangle\langle+| - |-\rangle\langle-|$。

Pauli 矩阵 Y 的特征值也为: $\lambda_{1,2} = \pm 1$,

求 $\lambda_1 = 1$ 的特征向量:

$$[Y - \lambda_1 I]|v_1\rangle = \begin{bmatrix} -1 & -i \\ i & -1 \end{bmatrix} \begin{bmatrix} x_1 \\ x_2 \end{bmatrix} = \begin{bmatrix} 0 \\ 0 \end{bmatrix} \Rightarrow |v_1\rangle = \frac{1}{\sqrt{2}} \begin{bmatrix} 1 \\ i \end{bmatrix}$$

同理 $\lambda_2 = -1$ 的特征向量为:

$$|v_2\rangle = \frac{1}{\sqrt{2}} \begin{bmatrix} 1 \\ -i \end{bmatrix}$$

所以 Pauli 矩阵 Y 的对角表示为:

$$\begin{bmatrix} \frac{\sqrt{2}}{2} \\ \frac{\sqrt{2}}{2} i \end{bmatrix} \begin{bmatrix} \frac{\sqrt{2}}{2} & \frac{\sqrt{2}}{2} i \end{bmatrix} - \begin{bmatrix} \frac{\sqrt{2}}{2} \\ -\frac{\sqrt{2}}{2} i \end{bmatrix} \begin{bmatrix} \frac{\sqrt{2}}{2} & -\frac{\sqrt{2}}{2} i \end{bmatrix} = \frac{1}{2} \left(\begin{bmatrix} 1 \\ i \end{bmatrix} \begin{bmatrix} 1 & i \end{bmatrix} - \begin{bmatrix} 1 \\ -i \end{bmatrix} \begin{bmatrix} 1 & -i \end{bmatrix} \right)$$

Pauli 矩阵 Z 的特征值也为: $\lambda_{1,2} = \pm 1$,

求 $\lambda_1 = 1$ 的特征向量:

$$[Z-\lambda_1 I]|v_1\rangle = \begin{bmatrix} 0 & 0 \\ 0 & -2 \end{bmatrix}\begin{bmatrix} x_1 \\ x_2 \end{bmatrix} = \begin{bmatrix} 0 \\ 0 \end{bmatrix} \Rightarrow |v_1\rangle = \begin{bmatrix} 1 \\ 0 \end{bmatrix}$$

同理：$|v_2\rangle = \begin{bmatrix} 0 \\ 1 \end{bmatrix}$。

所以 Pauli 矩阵 $Z = \begin{bmatrix} 1 & 0 \\ 0 & -1 \end{bmatrix} = \begin{bmatrix} 1 & 0 \\ 0 & 0 \end{bmatrix} - \begin{bmatrix} 0 & 0 \\ 0 & 1 \end{bmatrix}$，因此 Z 的对角形式为：$|0\rangle\langle 0| - |1\rangle\langle 1|$。

阅读内容

n 阶矩阵 A 可以对角化的充分必要条件是 A 有 n 个线性无关的特征向量。

> **练习 2.12** 证明矩阵 $\begin{bmatrix} 1 & 0 \\ 1 & 1 \end{bmatrix}$ 不可对角化。

证明：根据线性代数初等变换的基础知识，因为二维矩阵 $\begin{bmatrix} 1 & 0 \\ 1 & 1 \end{bmatrix}$ $\xrightarrow{\text{第二行减去第一行}}$ $\begin{bmatrix} 1 & 0 \\ 0 & 1 \end{bmatrix}$，则 $\begin{bmatrix} 1 & 0 \\ 1 & 1 \end{bmatrix}$ 与 $\begin{bmatrix} 1 & 0 \\ 0 & 1 \end{bmatrix}$ 为相似矩阵，有完全相同的特征值：$\lambda = 1$，其对应的特征向量 $\begin{bmatrix} 1 & 0 \\ 1 & 1 \end{bmatrix}\begin{bmatrix} 0 \\ 1 \end{bmatrix} = \begin{bmatrix} 0 \\ 1 \end{bmatrix}$ 仅有一个 $\begin{bmatrix} 0 \\ 1 \end{bmatrix}$($\lambda=1$)，因此不满足充分必要条件，因此不可对角化。

2.1.6 伴随与 Hermite 算子

阅读内容

设 A 是 Hilbert 空间 V 上的线性算子，实际上 V 上存在唯一的线性算子 $A^\dagger$，使得对所有的向量 $|v\rangle, |w\rangle \in V$ 成立：

$$(|v\rangle, A|w\rangle) = (A^\dagger|v\rangle, |w\rangle) \tag{2.32}$$

这个线性算子称为 A 的伴随(adjoint)或 Hermite 共轭。$(AB)^\dagger = B^\dagger A^\dagger$，$|v\rangle^\dagger \equiv \langle v|$。不难看出 $(A|w\rangle)^\dagger = \langle w|^\dagger A^\dagger$。

> **练习 2.13** 若 $|v\rangle$ 和 $|w\rangle$ 是两个向量，证明 $(|v\rangle\langle w|)^\dagger = |w\rangle\langle v|$。

证明：根据两个算子及其算子乘积的共轭、转置定义 $(AB)^\dagger = B^\dagger A^\dagger$，$|v\rangle^\dagger \equiv$

$\langle v|$,则$(|v\rangle\langle w|)^\dagger = \langle w|^\dagger \langle v|^\dagger = |w\rangle\langle v|$。

练习 2.14[伴随的反线性(Anti-linearity of the adjoint)] 证明伴随算子是反线性的

$$\left(\sum_i a_i A_i\right)^\dagger = \sum_i a_i^* A_i^\dagger$$

证明:根据相关定义:

$$\left(|v\rangle, \sum_i a_i^* A_i^\dagger |w_i\rangle\right) = \sum_i a_i^* A_i^\dagger(|v\rangle, |w_i\rangle) = \left(\sum_i a_i A_i\right)^\dagger(|v\rangle, |w_i\rangle)$$

或

$$\left(|v\rangle, \sum_i a_i^* A_i^\dagger |w_i\rangle\right) = \sum_i a_i^* (|v\rangle, A_i^\dagger |w_i\rangle) = \sum_i a_i^* (A_i|v\rangle, |w_i\rangle)$$

$$= \sum_i a_i^* A_i^\dagger(|v\rangle, |w_i\rangle) = \left(\sum_i a_i A_i\right)^\dagger(|v\rangle, |w_i\rangle)$$

练习 2.15 证明$(A^\dagger)^\dagger = A$。

证明:由式(2.32)$(|v\rangle, A|w\rangle) = (A^\dagger |v\rangle, |w\rangle)$可得:

$$(|v\rangle, A^\dagger |w\rangle) = (A^\dagger |w\rangle, |v\rangle)^* = (|w\rangle, A|v\rangle)^* = (A|v\rangle, |w\rangle)$$

又因为:

$$(|v\rangle, A^\dagger |w\rangle) = [(A^\dagger)^\dagger |v\rangle, |w\rangle]$$

所以:$(A^\dagger)^\dagger = A$。

阅读内容

如果算子 A 的共轭转置仍为 A,则称 A 为 Hermite 或自伴(self-adjoint)算子,投影算子(projector)是一类重要的 Hermite 算子。

设 W 是 d 维向量空间 V 的 k 维子空间,采用 Gram-Schmidt 过程,可以为 V 构造一组标准正交基$|1\rangle, \cdots, |d\rangle$,使得$|1\rangle, \cdots, |k\rangle$是 W 的一组标准正交基。

定义

$$P \equiv \sum_{i=1}^k |i\rangle\langle i| \tag{2.35}$$

是到 W 上的投影算子。由于任意向量 $|v\rangle$，$|v\rangle\langle v|$ 都是 Hermite 的，故 P 是 Hermite 的，$P^\dagger = P$。P 的正交补是算子 $Q \equiv I - P$，容易看出 Q 是到由 $|k+1\rangle, \cdots, |d\rangle$ 张成的向量空间上的投影，这个空间也称为 P 的正交补（orthogonal complement）。

练习 2.16 证明任意投影 P 满足等式 $P^2 = P$。

证明：令 $P \equiv \sum_i |i\rangle\langle i|$，

则

$$P^2 = \left(\sum_i |i\rangle\langle i|\right)\left(\sum_j |j\rangle\langle j|\right) = \sum_{ij} |i\rangle\langle i|j\rangle\langle j|$$
$$= \sum_{ij} |i\rangle \delta_{ij} \langle j| = \sum_i |i\rangle\langle i| = P$$

阅读内容

算子 A 称为正规的，如果 $AA^\dagger = A^\dagger A$ 成立，显然 Hermite 算子是正规的。一个算子是正规算子当且仅当它可以对角化［谱分解理定理（spectral decomposition）］。

练习 2.17 证明正规矩阵是 Hermite 的，当且仅当它的特征值为实数。

证明：令 $A \equiv \sum_i \lambda_i |i\rangle\langle i|$，则 $A^\dagger = \sum_i \lambda_i^* |i\rangle\langle i|$，根据题意，$A$ 是 Hermite 的，所以有 $A = A^\dagger$，则 $\sum_i \lambda_i |i\rangle\langle i| = \sum_i \lambda_i^* |i\rangle\langle i|$，有 $\lambda_i = \lambda_i^*$，所以 $\lambda_i \in \mathbf{R}$。

阅读内容

如果 $U^\dagger U = I$，则矩阵 U 称为是酉的（unitary）。类似地，如果满足 $U^\dagger U = I$，则算子 U 也称为是酉的。因此酉 U 是正规的且有谱分解。从几何上看，酉算子很重要，因为它保持向量之间的内积。

谱分解定理：向量空间 V 上的任意正规算子 M，在 V 的某个标准正交基下可对角化。反之，任意可对角化的算子都是正规的。

练习 2.18 证明酉矩阵的所有特征值的模都是 1，即可以写成 $e^{i\theta}$ 的形式，θ 是某个实数。

证明：令酉矩阵 $U \equiv \sum_i \lambda_i |i\rangle\langle i|$，则 $U^\dagger = \sum_i \lambda_i^* |i\rangle\langle i|$，且满足 $U^\dagger U = I$，$I \equiv \sum_i |i\rangle\langle i|$。

则

$$UU^\dagger = \left(\sum_i \lambda_i |i\rangle\langle i|\right)\left(\sum_i \lambda_i^* |i\rangle\langle i|\right) = \sum_i \lambda_i \lambda_i^* |i\rangle\langle i| = I$$

$$\sum_i \lambda_i \lambda_i^* |i\rangle\langle i| = \sum_i |i\rangle\langle i| \Rightarrow \forall i, \lambda_i \lambda_i^* = 1$$

因为 $\lambda_i \lambda_i^* = 1$，所以 $\|\lambda_i\| = 1$，且解方程可得 λ_i 的 θ 表示，显然 θ 是实数。

$$\lambda_i = e^{i\theta} = \cos\theta + i\sin\theta, \lambda_i^* = e^{-i\theta} = \cos\theta - i\sin\theta$$

注：

$\because e^x = 1 + x + \dfrac{x^2}{2!} + \cdots + \dfrac{x^n}{n!} + \cdots,$

$\therefore e^{ix} = 1 + ix - \dfrac{x^2}{2!} - i\dfrac{x^3}{3!} + \dfrac{x^4}{4!} + \cdots + \dfrac{x^n}{n!} + \cdots。$

$\because \cos x = 1 - \dfrac{x^2}{2!} + \dfrac{x^4}{4!} + \cdots + (-1)^n \dfrac{x^{2n}}{(2n)!} + \cdots,$

$\sin x = x - \dfrac{x^3}{3!} + \dfrac{x^5}{5!} + \cdots + (-1)^{n-1} \dfrac{x^{2n-1}}{(2n-1)!} + \cdots$

$\therefore \cos x + i\sin x = 1 + ix - \dfrac{x^2}{2!} - i\dfrac{x^3}{3!} + \dfrac{x^4}{4!} + \cdots + \dfrac{x^n}{n!} + \cdots = e^{ix},$

$(e^{ix})^* = \cos x - i\sin x。$

令：$\lambda_\theta = \cos\theta + i\sin\theta,$

则 $\lambda_\theta (\lambda_\theta)^* = (\cos\theta + i\sin\theta)(\cos\theta + i\sin\theta)^* = (\cos\theta + i\sin\theta)(\cos\theta - i\sin\theta)$

$= (\cos\theta)^2 - (i\sin\theta)^2 = (\cos\theta)^2 + (\sin\theta)^2 = 1, \theta \in \mathbf{R}。$

练习 2.19（Pauli 矩阵的 Hermite 性和酉性） 证明 Pauli 矩阵是 Hermite 和酉的。

证明：$I \equiv \begin{bmatrix} 1 & 0 \\ 0 & 1 \end{bmatrix}, X \equiv \begin{bmatrix} 0 & 1 \\ 1 & 0 \end{bmatrix}, Y \equiv \begin{bmatrix} 0 & -i \\ i & 0 \end{bmatrix}, Z \equiv \begin{bmatrix} 1 & 0 \\ 0 & -1 \end{bmatrix},$

选 $Y \equiv \begin{bmatrix} 0 & -i \\ i & 0 \end{bmatrix}$ 为例。

因为

$$Y^\dagger Y = (Y^*)^T Y = \begin{bmatrix} 0 & -i \\ i & 0 \end{bmatrix}^{*T} \begin{bmatrix} 0 & -i \\ i & 0 \end{bmatrix} = \begin{bmatrix} 0 & i \\ -i & 0 \end{bmatrix}^T \begin{bmatrix} 0 & -i \\ i & 0 \end{bmatrix}$$

$$= \begin{bmatrix} 0 & -i \\ i & 0 \end{bmatrix} \begin{bmatrix} 0 & -i \\ i & 0 \end{bmatrix} = \begin{bmatrix} 1 & 0 \\ 0 & 1 \end{bmatrix} = I$$

又因为：
$$Y^\dagger = (Y^*)^{\mathrm{T}} = \left(\begin{bmatrix} 0 & -i \\ i & 0 \end{bmatrix}^*\right)^{\mathrm{T}} = \begin{bmatrix} 0 & -i \\ i & 0 \end{bmatrix} = Y$$

所以 $Y \equiv \begin{bmatrix} 0 & -i \\ i & 0 \end{bmatrix}$ 是 Hermite 和酉的。

其他 Pauli 矩阵满足同样演算结果，所以 Pauli 矩阵是 Hermite 和酉的。

练习 2.20（更换基） 设 A' 和 A'' 是向量空间 V 上的一个算子 A 对两个不同的标准正交基 $|v_i\rangle$ 和 $|w_i\rangle$ 的矩阵表示，则 A' 和 A'' 的元素分别是 $A'_{ij} = \langle v_i | A | v_j \rangle$ 和 $A''_{ij} = \langle w_i | A | w_j \rangle$，刻画 A' 和 A'' 之间的关系。

解析：根据题意，$|v_i\rangle$ 和 $|w_i\rangle$ 是向量空间 V 上的两组标准正交基，则有
$$|w_i\rangle = \sum_m p_{im} |v_m\rangle, \quad |w_j\rangle = \sum_n p_{jn} |v_n\rangle$$

显然有：$p_{im} = \langle v_m | w_i \rangle$，$p_{jn} = \langle v_n | w_j \rangle$。根据条件：
$$A''_{ij} = \langle w_i | A | w_j \rangle = \sum_{mn} \langle w_i | v_m \rangle \langle v_m | A | v_n \rangle \langle v_n | w_j \rangle = \sum_{mn} \langle w_i | v_m \rangle A'_{mn} \langle v_n | w_j \rangle$$

从而矩阵 $[A''_{ij}]$ 与矩阵 $[A'_{mn}]$ 存在一个初等矩阵 P，其元素 $P_{ij} = \langle w_i | v_j \rangle$，使得 $A'' = P^\dagger A' P$ 的关系成立。

$$\begin{aligned}
A''_{ij} &= \langle w_i | A | w_j \rangle \\
&= \left(\sum_m p_{im} | v_m \rangle\right)^\dagger A \left(\sum_n p_{jn} | v_n \rangle\right) \\
&= \left(\sum_m \langle v_m | p_{im}^\dagger \right) A \left(\sum_n p_{jn} | v_n \rangle\right) \\
&= \left(\sum_m \langle v_m | \langle v_m | w_i \rangle \right) A \left(\sum_n \langle v_n | w_j \rangle | v_n \rangle\right) \\
&= \sum_{mn} \langle v_m | w_i \rangle \langle v_m | A | v_n \rangle \langle v_n | w_j \rangle \\
&= \sum_{mn} \langle w_i | v_m \rangle A'_{mn} \langle v_n | w_j \rangle \\
&= \sum_{mn} p_{im}^* A'_{mn} p_{jn} \\
&= P^\dagger A' P
\end{aligned}$$

或者 $A' = PA''P^{\dagger}$ 的关系成立.

阅读内容

半正定算子(positive operator)是 Hermite 算子的一个极其重要的子类,半正定算子 A 定义为对任意向量 $|v\rangle$, $(|v\rangle, A|v\rangle)$ 都是实的非负数. 如果 $(|v\rangle, A|v\rangle)$ 对所有 $|v\rangle \neq 0$ 都严格大于零,则说 A 是正定的(positive definite).

任意半正定算子自动地是 Hermite 的,于是由谱分解定理,它具有对角表示 $\sum_i \lambda_i |i\rangle\langle i|$, λ_i 是非负特征值.

盒子 2.2 极重要的谱分解

谱分解是关于正规算子的极有用的表示定理.

定理 2.1(谱分解) 向量空间 V 上的任意正规算子 M,在 V 的某个标准正交基下可对角化,反之,任意可对角化的算子都是正规的.

证明 反过来的过程是一个简单的练习,我们只证明正向的蕴含关系,采用对空间 V 维数 d 的归纳法证明. $d=1$ 的情况是平凡的,令 λ 是 M 的一个特征值, P 是到 λ 本征空间的投影, Q 是到正交补的投影,于是

$$M = (P+Q)M(P+Q) = PMP + QMP + PMQ + QMQ$$

显然 $PMP = \lambda P$,进而,因为 M 把子空间 P 映到其自身,故 $QMP = 0$. 我们说 $PMQ = 0$. 为证明这一点,令 $|v\rangle$ 为子空间 P 中的元素,则 $MM^{\dagger}|v\rangle = M^{\dagger}M|v\rangle = \lambda M^{\dagger}|v\rangle$,因此 $M^{\dagger}|v\rangle$ 的特征值是 λ,是子空间 P 的元素,可得 $QM^{\dagger}P = 0$. 对该等式取伴随运算,得到 $QMP = 0$,于是

$$M = PMP + QMQ$$

下面我们证明 QMQ 是正规的. 为此 $QM = QM(P+Q) = QMQ, QM^{\dagger} = QM^{\dagger}(P+Q) = QM^{\dagger}Q$,进而由 M 的正规性和 $Q^2 = Q$ 的事实

$$\begin{aligned} QMQQM^{\dagger}Q &= QMQM^{\dagger}Q = QMM^{\dagger}Q = QM^{\dagger}MQ \\ &= QM^{\dagger}QMQ = QM^{\dagger}QQMQ \end{aligned} \quad (2.41)$$

故 QMQ 是正规的. 由归纳假设, QMQ 对子空间 Q 的某个标准正交基是可对角化的,而 PMP 已经是对于 PMP 的标准正交基对角化的,可知 $M = PMP + QMQ$ 相对全空间的某个标准正交基可对角化.

> 在外积表示形式下,这意味着 M 可以写作 $M = \sum_i \lambda_i |i\rangle\langle i|$,其中 λ_i 是 M 的特征值,$|i\rangle$ 是 V 的一个标准正交基,每个 $|i\rangle$ 是 M 的对应特征值 λ_i 的特征向量。从投影算子角度看,$M = \sum_i \lambda_i P_i$,λ_i 仍然代表 M 的特征值,P_i 是到 λ_i 在 M 中的本征空间的投影,这些投影算子满足完备性关系 $\sum_i P_i = I$ 和标准正交关系 $P_i P_j = \delta_{ij} P_i$。

练习 2.21 对 M 是 Hermite 的情形,重复盒子 2.2 中证明谱分解的过程,并尽可能简化证明过程。

解析: 本题的条件是 M 是 Hermite 的,即 $M = M^\dagger$,M 是属于正规算子,正规算子可对角化,所以 M 可以对角化,M 一定可以谱分解。且投影算子 P 是 Hermite 的:$P^\dagger = P$,且 $P^2 = P$,P 的正交补 $Q = I - P$。则

$$Q^2 = (I-P)(I-P) = I^2 - 2P + P^2 = I - P = Q$$
$$Q^\dagger = (I-P)^\dagger = I - P^\dagger = I - P = Q$$

因为 $P^\dagger = P, Q^\dagger = Q, M^\dagger = M$,所以 $PMP = (PMP)^\dagger, QMQ = (QMQ)^\dagger$,则 PMP 和 QMQ 都是 Hermite 的。已知 PMP 对于 P 的标准正交基是可对角化的,QMQ 对子空间 Q 的某个标准正交基是可对角化的,所以 $M = PMP + QMQ$ 相对全空间的某个标准正交基可对角化。

练习 2.22 证明 Hermite 算子的具有不同特征值对应的两个特征向量必须正交。

证明: 设 A 是 Hermite 算子,λ_i 和 λ_j 是 A 的两个不同的特征根,对应的特征向量分别为 $|v_i\rangle$ 和 $|v_j\rangle$,则根据内积定义:

$$(|v_i\rangle, A|v_j\rangle) = (|v_i\rangle, \lambda_j|v_j\rangle) = \lambda_j(|v_i\rangle, |v_j\rangle) = \lambda_j \langle v_i | v_j \rangle$$
$$(|v_i\rangle, A|v_j\rangle) = (A^\dagger |v_i\rangle, |v_j\rangle) = (A|v_i\rangle, |v_j\rangle) = (\lambda_i |v_i\rangle, |v_j\rangle)$$
$$= \lambda_i^*(|v_i\rangle, |v_j\rangle) = \lambda_i(|v_i\rangle, |v_j\rangle) = \lambda_i \langle v_i | v_j \rangle$$

注:两次使用了 Hermite 算子的性质。

显然有

$$\lambda_i \langle v_i | v_j \rangle - \lambda_j \langle v_i | v_j \rangle = (\lambda_i - \lambda_j)\langle v_i | v_j \rangle = 0$$

因为 $\lambda_i \neq \lambda_j$,所以有 $\langle v_i | v_j \rangle = 0$,即两个特征向量必须正交。

练习 2.23 证明投影 P 的特征值全都是非 0 即 1。

证明:由练习 2.16 已知任意投影 P 满足等式 $P^2 = P$。设 $P|\varphi\rangle = \lambda|\varphi\rangle$,则

$$P^2|\varphi\rangle = P(P|\varphi\rangle) = P(\lambda|\varphi\rangle) = \lambda(P|\varphi\rangle) = \lambda(\lambda|\varphi\rangle) = \lambda^2|\varphi\rangle$$

根据题意:$P^2 = P$,所以有

$\lambda^2|\varphi\rangle = \lambda|\varphi\rangle$,则:$(\lambda^2 - \lambda)|\varphi\rangle = 0, \lambda^2 - \lambda = 0$,所以有 $\lambda = 0$ 或 $\lambda = 1$,即所有特征值非 0 即 1。

练习 2.24(半正定算子的 Hermite 性) 证明半正定算子必然是 Hermite 的(提示:证明任意算子 A 可以写成 $A = B + iC$ 的形式,其中 B 和 C 是 Hermite 的)。

证明:设任意半正定算子 A,因为

$$A = \frac{A + A^\dagger}{2} + \frac{A - A^\dagger}{2} = \frac{A + A^\dagger}{2} + i\frac{-iA + iA^\dagger}{2}$$

令:

$$B = \frac{1}{2}(A + A^\dagger), C = \frac{1}{2}(-iA + iA^\dagger)$$

则:$A = B + iC$。

显然:

$$B^\dagger = \frac{1}{2}(A + A^\dagger) = B, C^\dagger = \frac{1}{2}[-(iA)^\dagger + (iA^\dagger)^\dagger] = \frac{1}{2}(-iA + iA^\dagger) = C$$

所以 B 和 C 都是 Hermite 算子,根据 Hermite 算子的定义,对于任意向量 $|v\rangle$,必有 $\langle v | B | v \rangle \in \mathbf{R}, \langle v | C | v \rangle \in \mathbf{R}$。根据题意 A 是半正定算子,则对于任意向量 $|\varphi\rangle$,必有

$$\langle \varphi | A | \varphi \rangle = \langle \varphi | (B + iC) | \varphi \rangle = \langle \varphi | B | \varphi \rangle + i\langle \varphi | C | \varphi \rangle \geqslant 0$$

所以 $C = 0$,

$$C = \frac{1}{2}(-iA + iA^\dagger) = 0$$

得 $A^\dagger = A$,所以半正定算子 A 是 Hermite 的。

练习 2.25 证明对任意算子 A,$A^\dagger A$ 都是半正定的。

证明:半正定算子对任意向量 $|v\rangle$,都有 $(|v\rangle, A|v\rangle) \in \mathbf{R}$,
根据题意和内积定义:$(|v\rangle, A^\dagger A|v\rangle) = (A|v\rangle, A|v\rangle) \geqslant 0$,所以对任意算子 A,$A^\dagger A$ 都是半正定的。

2.1.7 张量积

阅读内容

张量积满足如下的基本性质:

(1) 对任意标量 z,V 的元素 $|v\rangle$ 和 W 的元素 $|w\rangle$,满足

$$z(|v\rangle \otimes |w\rangle) = (z|v\rangle) \otimes |w\rangle = |v\rangle \otimes (z|w\rangle) \tag{2.42}$$

(2) 对于 V 中任意的 $|v_1\rangle$ 和 $|v_2\rangle$,与 W 中的元素 $|w\rangle$,满足

$$(|v_1\rangle + |v_2\rangle) \otimes |w\rangle = |v_1\rangle \otimes |w\rangle + |v_2\rangle \otimes |w\rangle \tag{2.43}$$

(3) 对于 V 中任意的 $|v\rangle$,与 W 中的元素 $|w_1\rangle$ 和 $|w_2\rangle$,满足

$$|v\rangle \otimes (|w_1\rangle + |w_2\rangle) = |v\rangle \otimes |w_1\rangle + |v\rangle \otimes |w_2\rangle \tag{2.44}$$

设 A 和 B 分别是 V 和 W 上的线性算子,则 $A \otimes B$ 是定义在 $V \otimes W$ 上的一个线性算子。

$$(A \otimes B)(|v\rangle \otimes |w\rangle) \equiv A|v\rangle \otimes B|w\rangle \tag{2.45}$$

$$(A \otimes B)(\sum_i a_i |v_i\rangle \otimes |w_i\rangle) \equiv \sum_i a_i A|v_i\rangle \otimes B|w_i\rangle \tag{2.46}$$

$$(\sum_i c_i A_i \otimes B_i)(|v\rangle \otimes |w\rangle) \equiv \sum_i c_i A_i |v\rangle \otimes B_i |w\rangle \tag{2.48}$$

V 和 W 上的内积可用于定义 $V \otimes W$ 上的一个自然的内积:

$$(\sum_i a_i |v_i\rangle \otimes |w_i\rangle, \sum_j b_j |v'_j\rangle \otimes |w'_j\rangle) \equiv \sum_{ij} a_i^* b_j \langle v_i | v'_j \rangle \langle w_i | w'_j \rangle$$
$$\tag{2.49}$$

内积空间 $V \otimes W$ 从以上的内积继承了我们熟悉的其他概念:伴随性、酉性、正规性和 Hermite 性。

记号 $|\psi\rangle^{\otimes k}$ 表示 $|\psi\rangle$ 自身的 k 次张量积。

练习 2.26 令 $|\psi\rangle = (|0\rangle + |1\rangle)/\sqrt{2}$,以 $|0\rangle |1\rangle$ 的张量积形式,并采用 Kronecker 积,具体写出 $|\psi\rangle^{\otimes 2}$ 和 $|\psi\rangle^{\otimes 3}$。

解析:

$$|\psi\rangle^{\otimes 2} \equiv |\psi\rangle \otimes |\psi\rangle = \frac{|0\rangle + |1\rangle}{\sqrt{2}} \otimes \frac{|0\rangle + |1\rangle}{\sqrt{2}}$$

$$= \frac{1}{2}[|0\rangle \otimes (|0\rangle + |1\rangle) + |1\rangle \otimes (|0\rangle + |1\rangle)]$$

$$= \frac{1}{2}(|0\rangle \otimes |0\rangle + |0\rangle \otimes |1\rangle + |1\rangle \otimes |0\rangle + |1\rangle \otimes |1\rangle)$$

$$= \frac{1}{2}(|0\rangle|0\rangle + |0\rangle|1\rangle + |1\rangle|0\rangle + |1\rangle|1\rangle)$$

$$= \frac{1}{2}\left(\begin{bmatrix}1\\0\\0\\0\end{bmatrix} + \begin{bmatrix}0\\1\\0\\0\end{bmatrix} + \begin{bmatrix}0\\0\\1\\0\end{bmatrix} + \begin{bmatrix}0\\0\\0\\1\end{bmatrix}\right) = \frac{1}{2}\begin{bmatrix}1\\1\\1\\1\end{bmatrix}$$

同理:

$$|\psi\rangle^{\otimes 3} = \frac{1}{2\sqrt{2}}(|0\rangle|0\rangle|0\rangle + |0\rangle|0\rangle|1\rangle + |0\rangle|1\rangle|0\rangle + \cdots + |1\rangle|1\rangle|1\rangle)$$

$$= \frac{1}{2\sqrt{2}}(|000\rangle + |001\rangle + |010\rangle + \cdots + |111\rangle)$$

$$= \frac{1}{2\sqrt{2}}\left(\begin{bmatrix}1\\0\\0\\0\end{bmatrix} + \begin{bmatrix}0\\1\\0\\0\end{bmatrix} + \cdots + \begin{bmatrix}0\\0\\0\\1\end{bmatrix}\right) = \frac{1}{2\sqrt{2}}\begin{bmatrix}1\\1\\\vdots\\1\end{bmatrix}$$

练习 2.27 计算 Pauli 算子张量积和矩阵表示:(1) X 和 Z;(2) I 和 X;(3) X 和 I。张量积可对易吗?

解析：

$$X \otimes Z = \begin{bmatrix} 0 & 1 \\ 1 & 0 \end{bmatrix} \otimes \begin{bmatrix} 1 & 0 \\ 0 & -1 \end{bmatrix} = \begin{bmatrix} 0 \times \begin{bmatrix} 1 & 0 \\ 0 & -1 \end{bmatrix} & 1 \times \begin{bmatrix} 1 & 0 \\ 0 & -1 \end{bmatrix} \\ 1 \times \begin{bmatrix} 1 & 0 \\ 0 & -1 \end{bmatrix} & 0 \times \begin{bmatrix} 1 & 0 \\ 0 & -1 \end{bmatrix} \end{bmatrix}$$

$$= \begin{bmatrix} 0 & 0 & 1 & 0 \\ 0 & 0 & 0 & -1 \\ 1 & 0 & 0 & 0 \\ 0 & -1 & 0 & 0 \end{bmatrix} = \begin{bmatrix} 0 & & 1 & 0 \\ & 0 & 0 & -1 \\ 1 & 0 & & 0 \\ 0 & -1 & & \end{bmatrix}$$

$$I \otimes X = \begin{bmatrix} 0 & 1 & & \\ 1 & 0 & & \\ & & 0 & 1 \\ & & 1 & 0 \end{bmatrix}, X \otimes I = \begin{bmatrix} & & 1 & 0 \\ & 0 & 0 & 1 \\ 1 & 0 & & \\ 0 & 1 & & \end{bmatrix}$$

两个算子 A 和 B 之间的对易定义为：$[A,B] \equiv AB - BA = 0$。

显然

$$I \otimes X - X \otimes I = \begin{bmatrix} 0 & 1 & -1 & 0 \\ 1 & 0 & 0 & -1 \\ -1 & 0 & 0 & 1 \\ 0 & -1 & 1 & 0 \end{bmatrix} \neq 0$$

所以张量积不对易。

练习 2.28 证明转置、复共轭、伴随算子对张量积是分配的，即

$$(A \otimes B)^* = A^* \otimes B^*; (A \otimes B)^T = A^T \otimes B^T; (A \otimes B)^\dagger = A^\dagger \otimes B^\dagger$$
(2.53)

证明 1：

$$A^* \otimes B^* = \begin{bmatrix} A_{11}^* B^* & A_{12}^* B^* & \cdots & A_{1n}^* B^* \\ A_{21}^* B^* & A_{22}^* B^* & \cdots & A_{2n}^* B^* \\ \vdots & \vdots & \vdots & \vdots \\ A_{m1}^* B^* & A_{m2}^* B^* & \cdots & A_{mn}^* B^* \end{bmatrix}$$

$$= \begin{bmatrix} (A_{11}B)^* & (A_{12}B)^* & \cdots & (A_{1n}B)^* \\ (A_{21}B)^* & (A_{22}B)^* & \cdots & (A_{2n}B)^* \\ \vdots & \vdots & \vdots & \vdots \\ (A_{m1}B)^* & (A_{m2}B)^* & \cdots & (A_{mn}B)^* \end{bmatrix} = (A \otimes B)^*。$$

$$A^T \otimes B^T = \begin{bmatrix} A_{11}B^T & A_{21}B^T & \cdots & A_{m1}B^T \\ A_{12}B^T & A_{22}B^T & \cdots & A_{m2}B^T \\ \vdots & \vdots & \vdots & \vdots \\ A_{1n}B^T & A_{2n}B^T & \cdots & A_{mn}B^T \end{bmatrix} = (A \otimes B)^T$$

$(A \otimes B)^\dagger \equiv [(A \otimes B)^*]^T = [A^* \otimes B^*]^T = (A^*)^T \otimes (B^*)^T = A^\dagger \otimes B^\dagger$。

证明 2：

也可以根据内积和张量积的定义去证明，即通过在张量空间上定义一个内积实现：

$(|a_1\rangle \otimes |b_1\rangle, |a_2\rangle \otimes |b_2\rangle) = (\langle a_1| \otimes \langle b_1|)(|a_2\rangle \otimes |b_2\rangle) = \langle a_1 | a_2\rangle\langle b_1 | b_2\rangle$。

首先设 $|\omega\rangle, |v\rangle$ 是 A 和 B 张量空间的元素，$|\omega\rangle \equiv |a_1\rangle \otimes |b_1\rangle$，$|v\rangle \equiv |a_2\rangle \otimes |b_2\rangle$，我们以 $(A \otimes B)^\dagger = A^\dagger \otimes B^\dagger$ 为例，证明三个等式成立。

根据内积定义和张量积的定义，且因为：

$$((A \otimes B)^\dagger |\omega\rangle, |v\rangle) = (|\omega\rangle, (A \otimes B)|v\rangle)$$
$$= (|a_1\rangle \otimes |b_1\rangle, (A \otimes B)(|a_2\rangle \otimes |b_2\rangle))$$
$$(|a_1\rangle \otimes |b_1\rangle, A|a_2\rangle \otimes B|b_2\rangle) = \langle a_1|A|a_2\rangle\langle b_1|B|b_2\rangle$$
$$((A^\dagger \otimes B^\dagger)|\omega\rangle, |v\rangle) = ((A^\dagger \otimes B^\dagger)(|a_1\rangle \otimes |b_1\rangle), |a_2\rangle \otimes |b_2\rangle)$$
$$(A^\dagger|a_1\rangle \otimes B^\dagger|b_1\rangle, |a_2\rangle \otimes |b_2\rangle) = \langle a_1|A|a_2\rangle\langle b_1|B|b_2\rangle$$

所以 $(A \otimes B)^\dagger = A^\dagger \otimes B^\dagger$。

练习 2.29 证明两个酉算子的张量积是酉的。

证明： 设 $A_{m \times m}$ 和 $B_{n \times n}$ 是酉算子，令 $U_{(mn) \times (mn)} = A \otimes B$，则：

$$U^\dagger U = (A \otimes B)^\dagger (A \otimes B) = (A^\dagger \otimes B^\dagger)(A \otimes B)$$
$$= A^\dagger A \otimes B^\dagger B = I_{m \times m} \otimes I_{n \times n} = I'_{(mn) \times (mn)}$$

所以两个酉算子的张量积是酉的。也可以用 Kronecker 积的矩阵表示证明：

$$(A \otimes B)^\dagger (A \otimes B) = \begin{bmatrix} A_{11}^* B^T & A_{21}^* B^T & \cdots & A_{m1}^* B^T \\ A_{12}^* B^T & A_{22}^* B^T & \cdots & A_{m2}^* B^T \\ \vdots & \vdots & \vdots & \vdots \\ A_{1n}^* B^T & A_{2n}^* B^T & \cdots & A_{mn}^* B^T \end{bmatrix} \begin{bmatrix} A_{11} B & A_{12} B & \cdots & A_{1n} B \\ A_{21} B & A_{22} B & \cdots & A_{2n} B \\ \vdots & \vdots & \vdots & \vdots \\ A_{m1} B & A_{m2} B & \cdots & A_{mn} B \end{bmatrix}$$

$$= \left(\begin{bmatrix} A_{11}^* & A_{21}^* & \cdots & A_{m1}^* \\ A_{12}^* & A_{22}^* & \cdots & A_{m2}^* \\ \vdots & \vdots & \vdots & \vdots \\ A_{1n}^* & A_{2n}^* & \cdots & A_{mn}^* \end{bmatrix} \begin{bmatrix} A_{11} & A_{12} & \cdots & A_{1n} \\ A_{21} & A_{22} & \cdots & A_{2n} \\ \vdots & \vdots & \vdots & \vdots \\ A_{m1} & A_{m2} & \cdots & A_{mn} \end{bmatrix} \right) \otimes B^\dagger B = A^\dagger A \otimes B^\dagger B$$

$$= I_{m \times m} \otimes I_{n \times n} = I'_{(mn) \times (mn)}$$

练习 2.30 证明两个 Hermite 算子的张量积是 Hermite 的。

证明：设 A 和 B 是 Hermite 算子，则 $A = A^\dagger, B = B^\dagger$，则 $(A \otimes B)^\dagger = A^\dagger \otimes B^\dagger = A \otimes B$，所以 Hermite 算子的张量积是 Hermite 的。

练习 2.31 证明两个半正定算子的张量积是半正定的。

证明 1：设 A 和 B 都是半正定算子，则 A 和 B 都是 Hermite 算子，根据谱分解定理 A 和 B 都可以对角化为：

$$A = \sum_i \lambda_i |i\rangle\langle i|, B = \sum_j \lambda_j |j\rangle\langle j|$$

且 $\lambda_i \geqslant 0, \lambda_j \geqslant 0$。则

$$A \otimes B = \left(\sum_i \lambda_i |i\rangle\langle i| \right) \otimes \left(\sum_j \lambda_j |j\rangle\langle j| \right) = \sum_{ij} \lambda_i \lambda_j (|i\rangle \otimes |j\rangle)(\langle i| \otimes \langle j|)$$

显然 $|i\rangle \otimes |j\rangle$ 是 $A \otimes B$ 的一组标准正交基，且 $\lambda_i \lambda_j \geqslant 0$，所以两个半正定算子的张量积是半正定的。

证明 2：设 A 是空间 V 的半正定算子，B 是空间 W 的半正定算子，则对空间 V 的任意向量 $|v\rangle$，都有

$$(|v\rangle, A|v\rangle) = \langle v | A | v \rangle \geqslant 0$$

对空间 W 的任意向量 $|w\rangle$，也都有

$$(|w\rangle, B|w\rangle) = \langle w | B | w \rangle \geqslant 0$$

取张量空间 $V \otimes W$ 的任一向量 $|v\rangle \otimes |w\rangle$，则

$$[|v\rangle \otimes |w\rangle, A \otimes B(|v\rangle \otimes |w\rangle)] = (|v\rangle \otimes |w\rangle, A|v\rangle \otimes B|w\rangle)$$
$$= [\langle v| \otimes \langle w|, (A|v\rangle)(B|w\rangle)] = \langle v|A|v\rangle \langle w|B|w\rangle \geq 0$$

所以两个半正定算子的张量积是半正定的。

练习 2.32 证明两个投影算子的张量积是一个投影算子。

证明： 设 V 是 d 维向量空间 H 的 m 维子空间，$|v_1\rangle, \cdots, |v_m\rangle$ 是 V 的一组标准正交基；设 W 是 d 维向量空间 H 的 n 维子空间，$|w_1\rangle, \cdots, |w_n\rangle$ 是 W 的一组标准正交基。则有 H 到 V 上的投影算子 $P \equiv \sum_{i=1}^{m} |v_i\rangle \langle v_i|$，$H$ 到 W 上的投影算子 $Q \equiv \sum_{j=1}^{n} |w_j\rangle \langle w_j|$。由此可得：

$$(P \otimes Q)^2 = (P \otimes Q)(P \otimes Q) = PP \otimes QQ$$
$$= \left(\sum_{i=1}^{m} |v_i\rangle \langle v_i|\right)\left(\sum_{i=1}^{m} |v_i\rangle \langle v_i|\right) \otimes \left(\sum_{j=1}^{n} |w_j\rangle \langle w_j|\right)\left(\sum_{j=1}^{n} |w_j\rangle \langle w_j|\right)$$
$$= \left[\sum_{i=1}^{m}\left(\sum_{k=1}^{m} |v_i\rangle \langle v_i|v_k\rangle \langle v_k|\right)\right] \otimes \left[\sum_{j=1}^{n}\left(\sum_{k=1}^{n} |w_j\rangle \langle w_j|w_k\rangle \langle w_k|\right)\right]$$
$$= \left[\sum_{i=1}^{m}\left(\sum_{k=1}^{m} |v_i\rangle \delta_{ik} \langle v_k|\right)\right] \otimes \left[\sum_{j=1}^{n}\left(\sum_{k=1}^{n} |w_j\rangle \delta_{jk} \langle w_k|\right)\right]$$
$$= \left(\sum_{i=1}^{m} |v_i\rangle \langle v_i|\right) \otimes \left(\sum_{j=1}^{n} |w_j\rangle \langle w_j|\right)$$
$$= P \otimes Q$$

所以两个投影算子的张量积是一个投影算子。

练习 2.33 一个单量子比特上的 Hadamard 算子可以写作

$$H = \frac{1}{\sqrt{2}}[(|0\rangle + |1\rangle)\langle 0| + (|0\rangle - |1\rangle)\langle 1|]$$

证明 n 量子比特上的 Hadamard 变换可以写成

$$H^{\otimes n} = \frac{1}{\sqrt{2^n}} \sum_{x,y} (-1)^{x \cdot y} |x\rangle \langle y|$$

并具体写出 $H^{\otimes 2}$ 的矩阵表示。

证明:(归纳法)$n = 1$ 代入

$$H = \frac{1}{\sqrt{2}} \sum_{x,y} (-1)^{x \cdot y} |x\rangle\langle y|$$

$$= \frac{1}{\sqrt{2}} [(-1)^{0 \cdot 0} |0\rangle\langle 0| + (-1)^{1 \cdot 0} |1\rangle\langle 0| + (-1)^{0 \cdot 1} |0\rangle\langle 1| + (-1)^{1 \cdot 1} |1\rangle\langle 1|]$$

$$= \frac{1}{\sqrt{2}} (|0\rangle\langle 0| + |1\rangle\langle 0| + |0\rangle\langle 1| - |1\rangle\langle 1|)$$

$$= \frac{1}{\sqrt{2}} [(-1)^{0 \cdot 0} |0\rangle\langle 0| + (-1)^{1 \cdot 0} |1\rangle\langle 0| + (-1)^{0 \cdot 1} |0\rangle\langle 1| + (-1)^{1 \cdot 1} |1\rangle\langle 1|]$$

$$= \frac{1}{\sqrt{2}} \sum_{x,y=0}^{1} (-1)^{x \cdot y} |x\rangle\langle y|$$

假设 $n = k$ 成立,则:

$$H^{\otimes k} = \frac{1}{\sqrt{2^k}} \sum_{x,y=0}^{k} (-1)^{x \cdot y} |x\rangle\langle y|$$

当 $n = k + 1$ 时,

$$H^{\otimes(k+1)} = H^{\otimes k} \otimes H$$

$$= \left(\frac{1}{\sqrt{2^k}} \sum_{x,y=0}^{k} (-1)^{x \cdot y} |x\rangle\langle y|\right) \otimes \frac{1}{\sqrt{2}} [(|0\rangle + |1\rangle)\langle 0| + (|0\rangle - |1\rangle)\langle 1|]$$

$$= \frac{1}{\sqrt{2^{k+1}}} \left[\sum_{x,y=0}^{k} (-1)^{x \cdot y} |x\rangle\langle y|\right] [(|0\rangle + |1\rangle)\langle 0| + (|0\rangle - |1\rangle)\langle 1|]$$

$$= \frac{1}{\sqrt{2^{k+1}}} \sum_{x,y=0}^{k} (-1)^{x \cdot y} (|x\rangle|0\rangle + |x\rangle|1\rangle)\langle y|\langle 0| + (|x\rangle|0\rangle - |x\rangle|1\rangle)\langle y|\langle 1|$$

$$= \frac{1}{\sqrt{2^{k+1}}} \sum_{x,y=0}^{k} (-1)^{x \cdot y} (|x\rangle|0\rangle\langle y|\langle 0| + |x\rangle|1\rangle\langle y|\langle 0|) +$$

$$(|x\rangle|0\rangle\langle y|\langle 1| - |x\rangle|1\rangle\langle y|\langle 1|)$$

$$= \frac{1}{\sqrt{2^{k+1}}} \sum_{x,y=0}^{k} (-1)^{x \cdot y} (|x0\rangle\langle y0| + |x1\rangle\langle y0|) + |x0\rangle\langle y1| + |x1\rangle\langle y1|$$

$$= \frac{1}{\sqrt{2^{k+1}}} \sum_{x',y'=0}^{k+1} (-1)^{x' \cdot y'} |x'\rangle\langle y'|$$

其中,令 $x' = | x_1 x_2 \cdots x_{k+1} \rangle$。

因为

$$H = \frac{1}{\sqrt{2}} \sum_{x,y=0}^{1} (-1)^{x \cdot y} |x\rangle\langle y| = \frac{1}{\sqrt{2}} (|0\rangle\langle 0| + |1\rangle\langle 0| + |0\rangle\langle 1| - |1\rangle\langle 1|)$$

$$= \frac{1}{\sqrt{2}} \left[\begin{pmatrix} 1 & 0 \\ 0 & 0 \end{pmatrix} + \begin{pmatrix} 0 & 0 \\ 1 & 0 \end{pmatrix} + \begin{pmatrix} 0 & 1 \\ 0 & 0 \end{pmatrix} - \begin{pmatrix} 0 & 0 \\ 0 & 1 \end{pmatrix} \right] = \frac{1}{\sqrt{2}} \begin{pmatrix} 1 & 1 \\ 1 & -1 \end{pmatrix}$$

所以 $H^{\otimes 2}$ 的矩阵表示为

$$H^{\otimes 2} = H \otimes H = \frac{1}{2} \begin{pmatrix} 1 & 1 \\ 1 & -1 \end{pmatrix} \otimes \begin{pmatrix} 1 & 1 \\ 1 & -1 \end{pmatrix} = \frac{1}{2} \begin{pmatrix} 1 & 1 & 1 & 1 \\ 1 & -1 & 1 & -1 \\ 1 & 1 & -1 & -1 \\ 1 & -1 & -1 & 1 \end{pmatrix}$$

2.1.8 算子函数

阅读内容

算子和矩阵上可以定义很多重要的函数。一般而言,给定从复数到复数的函数 f,通过下面的步骤可以定义正规矩阵上的相应矩阵函数。令 $A = \sum_{\lambda} \lambda |a\rangle\langle a|$ 是正规算子 A 的一个谱分解,定义 $f(A) = \sum_{\lambda} f(\lambda) |a\rangle\langle a|$。例如 $\exp(\theta Z) \begin{pmatrix} e^{\theta} & 0 \\ 0 & e^{-\theta} \end{pmatrix}$。

练习 2.34 求矩阵 $\begin{pmatrix} 4 & 3 \\ 3 & 4 \end{pmatrix}$ 的平方根和对数。

解析:求矩阵的特征根与特征值:

$$\begin{pmatrix} 4 & 3 \\ 3 & 4 \end{pmatrix} - \lambda I = \lambda^2 - 8\lambda - 7 = 0, \lambda_1 = 7, \lambda_2 = 1,$$

$\lambda_1 = 7$ 时:

$$\left[\begin{pmatrix} 4 & 3 \\ 3 & 4 \end{pmatrix} - 7I \right] |v_1\rangle = \begin{pmatrix} -3 & 3 \\ 3 & -3 \end{pmatrix} \begin{pmatrix} x_1 \\ x_2 \end{pmatrix} = \begin{pmatrix} 0 \\ 0 \end{pmatrix}$$

解得：$x_1 = x_2$，令 $x_1 = \dfrac{1}{\sqrt{2}}$，

则

$$|v_1\rangle = \frac{1}{\sqrt{2}}\begin{bmatrix}1\\1\end{bmatrix} = \frac{1}{\sqrt{2}}\left(\begin{bmatrix}1\\0\end{bmatrix} + \begin{bmatrix}0\\1\end{bmatrix}\right) = \frac{1}{\sqrt{2}}(|0\rangle + |1\rangle) = |+\rangle$$

注：$|+\rangle \equiv \dfrac{|0\rangle + |1\rangle}{\sqrt{2}}$

同理，$\lambda_2 = 1$ 时：

$$\left(\begin{bmatrix}4&3\\3&4\end{bmatrix} - I\right)|v_2\rangle = \begin{bmatrix}3&3\\3&3\end{bmatrix}\begin{bmatrix}x_1\\x_2\end{bmatrix} = \begin{bmatrix}0\\0\end{bmatrix}$$

解得：$x_1 = -x_2$，令 $x_1 = \dfrac{1}{\sqrt{2}}$，

则

$$|v_2\rangle = \frac{1}{\sqrt{2}}\begin{bmatrix}1\\-1\end{bmatrix} = |-\rangle$$

注：$|-\rangle \equiv \dfrac{|0\rangle - |1\rangle}{\sqrt{2}}$

则算子 $A \equiv \begin{bmatrix}4&3\\3&4\end{bmatrix}$ 的谱分解：

$$A = 7|v_1\rangle\langle v_1| + |v_2\rangle\langle v_2| = 7|+\rangle\langle+| + |-\rangle\langle-|$$

则矩阵 $\begin{bmatrix}4&3\\3&4\end{bmatrix}$ 的平方根：

$$\sqrt{A} = \sqrt{7}|+\rangle\langle+| + |-\rangle\langle-| = \sqrt{7}\begin{bmatrix}\frac{1}{2}&\frac{1}{2}\\\frac{1}{2}&\frac{1}{2}\end{bmatrix} + \begin{bmatrix}\frac{1}{2}&-\frac{1}{2}\\-\frac{1}{2}&\frac{1}{2}\end{bmatrix} = \begin{bmatrix}\frac{\sqrt{7}+1}{2}&\frac{\sqrt{7}-1}{2}\\\frac{\sqrt{7}-1}{2}&\frac{\sqrt{7}+1}{2}\end{bmatrix}$$

矩阵 $\begin{bmatrix}4&3\\3&4\end{bmatrix}$ 的对数：

$$\log A = \log 7 |+\rangle\langle+| = \frac{\log 7}{2}\begin{bmatrix} 1 & 1 \\ 1 & 1 \end{bmatrix}$$

练习 2.35（Pauli 矩阵的指数） 令 $\boldsymbol{v}$ 是任意三维单位实向量，且 θ 为实数，证明
$$\exp(i\theta\boldsymbol{v}\cdot\boldsymbol{\sigma}) = \cos(\theta)\boldsymbol{I} + i\sin(\theta)\boldsymbol{v}\cdot\boldsymbol{\sigma}$$
其中 $\boldsymbol{v}\cdot\boldsymbol{\sigma} \equiv \sum_{i=1}^{3} v_i\sigma_i$。（这个练习在问题 2.1 中得到推广）

解析：因为 $v_1\sigma_x = \begin{bmatrix} 0 & v_1 \\ v_1 & 0 \end{bmatrix}, v_2\sigma_y = \begin{bmatrix} 0 & -iv_2 \\ iv_2 & 0 \end{bmatrix}, v_3\sigma_z = \begin{bmatrix} v_3 & 0 \\ 0 & -v_3 \end{bmatrix}$，

则

$$\boldsymbol{v}\cdot\boldsymbol{\sigma} \equiv \sum_{i=1}^{3} v_i\sigma_i = \begin{bmatrix} v_3 & v_1 - iv_2 \\ v_1 + iv_2 & v_3 \end{bmatrix}$$

根据题意 $\boldsymbol{v}$ 是任意三维单位实向量，则 $\|\boldsymbol{v}\| = v_1^2 + v_2^2 + v_3^2 = 1$。

求 $\begin{bmatrix} v_3 & v_1 - iv_2 \\ v_1 + iv_2 & v_3 \end{bmatrix}$ 的特征值和特征向量：

$$\begin{aligned} |\boldsymbol{v}\cdot\boldsymbol{\sigma} - \lambda\boldsymbol{I}| &= (v_3-\lambda)(-v_3-\lambda) - (v_1+iv_2)(v_1-iv_2) \\ &= \lambda^2 - (v_1^2 + v_2^2 + v_3^2) \\ &= \lambda^2 - 1 \end{aligned}$$

则 $\lambda_{1,2} = \pm 1$。

令：特征值 $\lambda_1 = 1$ 对应的特征向量为 $|a\rangle$，特征值 $\lambda_2 = -1$ 对应的特征向量为 $|b\rangle$，则

$$\boldsymbol{v}\cdot\boldsymbol{\sigma} = \lambda_1|a\rangle\langle a| - \lambda_2|b\rangle\langle b| = |a\rangle\langle a| - |b\rangle\langle b|$$

（显然 $\boldsymbol{v}\cdot\boldsymbol{\sigma}$ 是 Hermite 算子）。那么

$$\begin{aligned} \exp(i\theta\boldsymbol{v}\cdot\boldsymbol{\sigma}) &= e^{i\theta}|a\rangle\langle a| + e^{-i\theta}|b\rangle\langle b| = (\cos\theta + i\sin\theta)|a\rangle\langle a| + \\ &\quad (\cos\theta - i\sin\theta)|b\rangle\langle b| \\ &= \cos\theta(|a\rangle\langle a| + |b\rangle\langle b|) + i\sin\theta(|a\rangle\langle a| - |b\rangle\langle b|) \\ &= \cos(\theta)\boldsymbol{I} + i\sin(\theta)\boldsymbol{v}\cdot\boldsymbol{\sigma} \end{aligned}$$

阅读内容

矩阵 A 的迹定义为它的对角元素之和 $\mathrm{tr}(A) \equiv \sum_i A_{ii}$。

迹是循环的,即 $\mathrm{tr}(AB) = \mathrm{tr}(BA)$,是线性的,即 $\mathrm{tr}(A+B) = \mathrm{tr}(A) + \mathrm{tr}(B)$,$\mathrm{tr}(zA) = z\mathrm{tr}(A)$,其中 A 和 B 是任意矩阵,z 是复数。

由于循环性,矩阵的迹在酉相似变换 $A \to UAU^\dagger$ 下不变,因为 $\mathrm{tr}(UAU^\dagger) = \mathrm{tr}(U^\dagger UA) = \mathrm{tr}(A)$,因此算子 A 的迹定义为 A 的任意矩阵表示的迹,迹在酉相似变换下的不变性,保证算子的迹是定义良好的。

设 $|\psi\rangle$ 是一个单位向量,且 A 是任意算子,为计算 $\mathrm{tr}(A|\psi\rangle\langle\psi|)$,采用 Gram-Schmidt 过程,把 $|\psi\rangle$ 扩展成一个以 $|\psi\rangle$ 为首个元的标准正交基 $|i\rangle$,则有如下结果

$$\mathrm{tr}(A|\psi\rangle\langle\psi|) = \sum_i \langle i|A|\psi\rangle\langle\psi|i\rangle = \langle\psi|A|\psi\rangle \tag{2.60}$$

即 $\mathrm{tr}(A|\psi\rangle\langle\psi|) = \langle\psi|A|\psi\rangle$ 在计算一个算子的迹时极为有用。

练习 2.36 证明 Pauli 矩阵除 I 外,迹均为 0。

证明:因为 $|1\rangle = \begin{bmatrix}0\\1\end{bmatrix}$ 是单位向量,则:

$$\mathrm{tr}(X|1\rangle\langle 1|) = \langle 1|X|1\rangle = \begin{bmatrix}0 & 1\end{bmatrix}\begin{bmatrix}0 & 1\\1 & 0\end{bmatrix}\begin{bmatrix}0\\1\end{bmatrix} = \begin{bmatrix}1 & 0\end{bmatrix}\begin{bmatrix}0\\1\end{bmatrix} = 0$$

$$\mathrm{tr}(Y|1\rangle\langle 1|) = \langle 1|Y|1\rangle = \begin{bmatrix}0 & 1\end{bmatrix}\begin{bmatrix}0 & -i\\i & 0\end{bmatrix}\begin{bmatrix}0\\1\end{bmatrix} = \begin{bmatrix}i & 0\end{bmatrix}\begin{bmatrix}0\\1\end{bmatrix} = 0$$

$$\mathrm{tr}(Z|1\rangle\langle 1|) = \langle 1|Z|1\rangle = \begin{bmatrix}0 & 1\end{bmatrix}\begin{bmatrix}1 & 0\\0 & -1\end{bmatrix}\begin{bmatrix}0\\1\end{bmatrix} = \begin{bmatrix}0 & -1\end{bmatrix}\begin{bmatrix}0\\1\end{bmatrix} = 0$$

练习 2.37(迹的循环性质) 如果 A 和 B 是两个线性算子,证明
$$\mathrm{tr}(AB) = \mathrm{tr}(BA)$$

证明:设 A 和 B 两个线性算子的矩阵表示元素分别为:A_{ij} 和 B_{ij},则

$$(AB)_{ij} = \sum_{k=1}^{n} A_{ik} B_{kj}$$

$$(BA)_{ij} = \sum_{k=1}^{n} B_{ik} A_{kj}$$

因为

$$\text{tr}(AB) = \sum_{k=1}^{n} (AB)_{ii} = \sum_{i=1}^{n} \sum_{k=1}^{n} A_{ik} B_{ki}$$

$$\text{tr}(BA) = \sum_{k=1}^{n} (BA)_{ii} = \sum_{i=1}^{n} \sum_{k=1}^{n} B_{ik} A_{ki}$$

所以：

$$\text{tr}(AB) = \sum_{i=1}^{n} \sum_{k=1}^{n} A_{ik} B_{ki} = \sum_{k=1}^{n} \sum_{i=1}^{n} A_{ki} B_{ik} = \sum_{i=1}^{n} \sum_{k=1}^{n} B_{ik} A_{ki} = \text{tr}(BA)$$

练习 2.38（迹的线性性质） 如果 A 和 B 是两个线性算子，证明

$$\text{tr}(A + B) = \text{tr}(A) + \text{tr}(B)$$

且若 z 是任意复数，证明

$$\text{tr}(zA) = z\text{tr}(A)$$

证明：设 A 和 B 两个线性算子的矩阵表示元素分别为：A_{ij} 和 B_{ij}，因为

$$(A+B)_{ij} = A_{ij} + B_{ij}$$

$$\text{tr}(A) = \sum_{i=1}^{n} (A)_{ii}, \text{tr}(B) = \sum_{i=1}^{n} (B)_{ii}$$

$$\text{tr}(A+B) = \sum_{k=1}^{n} (A+B)_{ii} = \sum_{i=1}^{n} (A_{ii} + B_{ii})$$

$$= \sum_{i=1}^{n} (A)_{ii} + \sum_{i=1}^{n} (B)_{ii} = \text{tr}(A) + \text{tr}(B)$$

因为 $(zA)_{ij} = zA_{ij}$，
所以

$$\text{tr}(zA) = \sum_{i=1}^{n} (zA)_{ii} = \sum_{i=1}^{n} zA_{ii} = z \sum_{i=1}^{n} A_{ii} = z\text{tr}(A)$$

练习 2.39（算子上的 Hilbert-Schmidt 内积） Hilbert 空间 V 上的线性算子集合 L_V 显然是一个向量空间，即两个线性算子之和是线性算子，如果 A 是线性算子，z 是复数，则 zA 是线性，且有零元素 0。另一个重要的结果是向量空间 L_V 可赋予自然的内积结构，而成为 Hilbert 空间。

(1) 证明 $L_V \times L_V$ 上的函数 $(A, B) \equiv \mathrm{tr}(A^\dagger B)$ 是一个内积函数。这个内积称为 Hilbert-Schmidt 或迹内积。

(2) 如果 V 是 d 维的，证明 L_V 的维数为 d^2。

(3) 求 Hilbert 空间 L_V 中 Hermite 矩阵的标准正交基。

解析：(1) 根据内积的定义：

① 由题意，即 $(A, \sum_i \lambda_i B_i) = \sum_i \lambda_i (A, B_i)$，$(A, B) \equiv \mathrm{tr}(A^\dagger B)$，

则 $(A, \sum_i \lambda_i B_i) = \mathrm{tr}[A^\dagger (\sum_i \lambda_i B_i)] = \mathrm{tr}(\sum_i \lambda_i A^\dagger B_i) = \sum_i \lambda_i \mathrm{tr}(A^\dagger B_i)$ 是线性函数。

② $(A, B) \equiv \mathrm{tr}(A^\dagger B) = \sum_{i=1}^{n} (A^\dagger B)_{ii} = \sum_{i=1}^{n} (\sum_{k=1}^{n} A^\dagger_{ik} B_{ki})$

$= \sum_{i=1}^{n} (\sum_{k=1}^{n} A^*_{ki} B_{ki}) = [\sum_{i=1}^{n} (\sum_{k=1}^{n} B^*_{ki} A_{ki})]^*$

$= [\sum_{i=1}^{n} (\sum_{k=1}^{n} B^\dagger_{ik} A_{ki})]^* = [\sum_{i=1}^{n} (B^\dagger A)_{ii}]^* = (B, A)^*$。

③ $(A, A) \equiv \mathrm{tr}(A^\dagger A) = \mathrm{tr}(\sum_i \lambda_i^* \lambda_i |i\rangle\langle i|) = \mathrm{tr}(\sum_i \lambda_i^2 |i\rangle\langle i|) = \sum_i \lambda_i^2 \mathrm{tr}(|i\rangle\langle i|) = \sum_i \lambda_i^2 \langle i|i\rangle = \sum_i \lambda_i^2 \geq 0$，当且仅当线性算子 A 为零算子时，取等号。

满足内积定义的三个条件，所以迹内积是内积。

(2) 因为 $A = \sum_{ij} \langle i | A | j \rangle |i\rangle\langle j| = \sum_{ij} A_{ij} |i\rangle\langle j|$，则所有 $|i\rangle\langle j|$ 组成 L_V 的一组基，若 $|i\rangle$ 有 d 个，则显然 $|i\rangle\langle j|$ 有 d^2 个。

(3) 因为所有 $|i\rangle\langle j|$ 组成 L_V 的一组基，则

① $(|i\rangle\langle j|, |i\rangle\langle j|) = \mathrm{tr}[(|i\rangle\langle j|)^\dagger |i\rangle\langle j|] = \mathrm{tr}(|j\rangle\langle i|i\rangle\langle j|)$

$= \mathrm{tr}(|j\rangle\langle j|) = \langle j|j\rangle = 1$

② $(|i\rangle\langle j|, |k\rangle\langle l|) = \mathrm{tr}[(|i\rangle\langle j|)^\dagger |k\rangle\langle l|] = \mathrm{tr}(|j\rangle\langle i|k\rangle\langle l|) = \mathrm{tr}(0) = 0$

③ 因为：$|i\rangle\langle j|+|j\rangle\langle i|$ 共有 $\frac{d(d+1)}{2}$，$|i\rangle\langle j|-|j\rangle\langle i|$ 共有 $\frac{d(d-1)}{2}$，所以空间 L_V 中 Hermite 矩阵的标准正交基共有 d^2 个。

2.1.9 对易式和反对易式

阅读内容

两个算子 A 和 B 之间的对易式(commutator)定义为：

$$[A,B] \equiv AB - BA \tag{2.66}$$

若 $[A,B]=0$，即 $AB=BA$，则说 A 和 B 是对易的。

类似地，两个算子 A 和 B 的反对易式(auti-commutator)定义为：

$$\{A,B\} \equiv AB + BA \tag{2.67}$$

如果 $\{A,B\}=0$，则 A 与 B 是反对易。

实际上一对算子的许多重要性质可以从它们的对易式和反对易式推出。也许最有用的关系是下面对易式与 Hermite 算子同时对角化之间的关系，即能够写成

$$A = \sum_i a_i |i\rangle\langle i|, B = \sum_i b_i |i\rangle\langle i|$$

其中 $|i\rangle$ 是 A 和 B 的公共特征向量和标准正交组。

定理 2.2（同时对角化定理） 设 A 和 B 是 Hermite 算子，当且仅当存在一个标准正交基，使 A 和 B 在这个基下同时是对角的，则 $[A,B]=0$。在这种情况下，A 和 B 称为可同时对角化。

这个性质把通常很容易计算的两个算子的对易式和事先难以确定的同时可对角化性质联系起来。

练习 2.40（Pauli 矩阵的对易关系） 验证对易关系：

$$[X,Y] = 2\mathrm{i}Z, [Y,Z] = 2\mathrm{i}X, [Z,X] = 2\mathrm{i}Y$$

有一个采用三个指标的反对称张量 ε_{jkl} 表示这个关系的优雅方式，其中除 $\varepsilon_{123} = \varepsilon_{231} = \varepsilon_{312} = 1$ 和 $\varepsilon_{321} = \varepsilon_{213} = \varepsilon_{132} = -1$ 外，$\varepsilon_{jkl} = 0$，可得

$$[\sigma_j, \sigma_k] = 2\mathrm{i}\sum_{l=1}^{3} \varepsilon_{jkl}\sigma_l$$

验证：

$$[X,Y] = XY - YX = \begin{bmatrix} 0 & 1 \\ 1 & 0 \end{bmatrix}\begin{bmatrix} 0 & -i \\ i & 0 \end{bmatrix} - \begin{bmatrix} 0 & -i \\ i & 0 \end{bmatrix}\begin{bmatrix} 0 & 1 \\ 1 & 0 \end{bmatrix} = 2i\begin{bmatrix} 1 & 0 \\ 0 & -1 \end{bmatrix} = 2iZ$$

$$[Y,Z] = YZ - ZY = \begin{bmatrix} 0 & -i \\ i & 0 \end{bmatrix}\begin{bmatrix} 1 & 0 \\ 0 & -1 \end{bmatrix} - \begin{bmatrix} 1 & 0 \\ 0 & -1 \end{bmatrix}\begin{bmatrix} 0 & -i \\ i & 0 \end{bmatrix} = 2i\begin{bmatrix} 0 & 1 \\ 1 & 0 \end{bmatrix} = 2iX$$

$$[Z,X] = ZX - XZ = \begin{bmatrix} 1 & 0 \\ 0 & -1 \end{bmatrix}\begin{bmatrix} 0 & 1 \\ 1 & 0 \end{bmatrix} - \begin{bmatrix} 0 & 1 \\ 1 & 0 \end{bmatrix}\begin{bmatrix} 1 & 0 \\ 0 & -1 \end{bmatrix} = 2i\begin{bmatrix} 0 & -i \\ i & 0 \end{bmatrix} = 2iY$$

根据题意，令：$X = \begin{bmatrix} 0 & 1 \\ 1 & 0 \end{bmatrix}$ 标记为 1；$Y = \begin{bmatrix} 0 & -i \\ i & 0 \end{bmatrix}$ 标记为 2；$Z = \begin{bmatrix} 1 & 0 \\ 0 & -1 \end{bmatrix}$ 标记为 3。以上验证的三个等式可验证通项式 $[\sigma_j, \sigma_k] = 2i\sum_{l=1}^{3}\varepsilon_{jkl}\sigma_l$ 成立，即 $\varepsilon_{123} = \varepsilon_{231} = \varepsilon_{312} = 1$。

再者：

$$[Z,Y] = ZY - YZ = \begin{bmatrix} 1 & 0 \\ 0 & -1 \end{bmatrix}\begin{bmatrix} 0 & -i \\ i & 0 \end{bmatrix} - \begin{bmatrix} 0 & -i \\ i & 0 \end{bmatrix}\begin{bmatrix} 1 & 0 \\ 0 & -1 \end{bmatrix}$$

$$= -2i\begin{bmatrix} 0 & 1 \\ 1 & 0 \end{bmatrix} = -2iX$$

$$[Y,X] = YX - XY = \begin{bmatrix} 0 & -i \\ i & 0 \end{bmatrix}\begin{bmatrix} 0 & 1 \\ 1 & 0 \end{bmatrix} - \begin{bmatrix} 0 & 1 \\ 1 & 0 \end{bmatrix}\begin{bmatrix} 0 & -i \\ i & 0 \end{bmatrix}$$

$$= -2i\begin{bmatrix} 1 & 0 \\ 0 & -1 \end{bmatrix} = -2iZ$$

$$[X,Z] = XZ - ZX = \begin{bmatrix} 0 & 1 \\ 1 & 0 \end{bmatrix}\begin{bmatrix} 1 & 0 \\ 0 & -1 \end{bmatrix} - \begin{bmatrix} 1 & 0 \\ 0 & -1 \end{bmatrix}\begin{bmatrix} 0 & 1 \\ 1 & 0 \end{bmatrix}$$

$$= -2i\begin{bmatrix} 0 & -i \\ i & 0 \end{bmatrix} = -2iY$$

验证了 $\varepsilon_{321} = \varepsilon_{213} = \varepsilon_{132} = -1$。

另：$\{1,2,3\}$ 的全排序中，除去以上六种排序，不存在其他排序，所以结论成立。

练习 2.41（Pauli 矩阵的反对易关系） 验证反对易关系：
$$\{\sigma_i, \sigma_j\} = 0$$
其中 $i \neq j$ 都选自集合 $\{1,2,3\}$。再验证 $(i = 0,1,2,3)$
$$\sigma_i^2 = I$$

验证：$X = \begin{bmatrix} 0 & 1 \\ 1 & 0 \end{bmatrix}, Y = \begin{bmatrix} 0 & -i \\ i & 0 \end{bmatrix}, Z = \begin{bmatrix} 1 & 0 \\ 0 & -1 \end{bmatrix}$ 的反对易关系：

$\{X, Y\} = XY + YX$
$$= \begin{bmatrix} 0 & 1 \\ 1 & 0 \end{bmatrix}\begin{bmatrix} 0 & -i \\ i & 0 \end{bmatrix} + \begin{bmatrix} 0 & -i \\ i & 0 \end{bmatrix}\begin{bmatrix} 0 & 1 \\ 1 & 0 \end{bmatrix} = \begin{bmatrix} i & 0 \\ 0 & -i \end{bmatrix} + \begin{bmatrix} -i & 0 \\ 0 & i \end{bmatrix} = 0$$

$\{X, Z\} = XZ + ZX$
$$= \begin{bmatrix} 0 & 1 \\ 1 & 0 \end{bmatrix}\begin{bmatrix} 1 & 0 \\ 0 & -1 \end{bmatrix} + \begin{bmatrix} 1 & 0 \\ 0 & -1 \end{bmatrix}\begin{bmatrix} 0 & 1 \\ 1 & 0 \end{bmatrix} = \begin{bmatrix} 0 & -1 \\ 1 & 0 \end{bmatrix} + \begin{bmatrix} 0 & 1 \\ -1 & 0 \end{bmatrix} = 0$$

$\{Y, Z\} = YZ + ZY$
$$= \begin{bmatrix} 0 & -i \\ i & 0 \end{bmatrix}\begin{bmatrix} 1 & 0 \\ 0 & -1 \end{bmatrix} + \begin{bmatrix} 1 & 0 \\ 0 & -1 \end{bmatrix}\begin{bmatrix} 0 & -i \\ i & 0 \end{bmatrix} = \begin{bmatrix} 0 & i \\ i & 0 \end{bmatrix} + \begin{bmatrix} 0 & -i \\ -i & 0 \end{bmatrix} = 0$$

再验证 $(i = 0,1,2,3)$，$\sigma_i^2 = I$：

$$X^2 = \begin{bmatrix} 0 & 1 \\ 1 & 0 \end{bmatrix}\begin{bmatrix} 0 & 1 \\ 1 & 0 \end{bmatrix} = \begin{bmatrix} 1 & 0 \\ 0 & 1 \end{bmatrix} = I$$

$$Y^2 = \begin{bmatrix} 0 & -i \\ i & 0 \end{bmatrix}\begin{bmatrix} 0 & -i \\ i & 0 \end{bmatrix} = \begin{bmatrix} 1 & 0 \\ 0 & 1 \end{bmatrix} = I$$

$$Z^2 = \begin{bmatrix} 1 & 0 \\ 0 & -1 \end{bmatrix}\begin{bmatrix} 1 & 0 \\ 0 & -1 \end{bmatrix} = \begin{bmatrix} 1 & 0 \\ 0 & 1 \end{bmatrix} = I$$

练习 2.42 验证
$$AB = \frac{[A,B] + \{A,B\}}{2}$$

验证:
$$\frac{[A,B]+\{A,B\}}{2}=\frac{(AB-BA)+(AB+BA)}{2}=AB$$

练习 2.43 证明对 $j,k=1,2,3$,有
$$\sigma_j\sigma_k=\delta_{jk}I+\mathrm{i}\sum_{l=1}^{3}\varepsilon_{jkl}\sigma_l$$

证明: 令: $\sigma_1=\begin{bmatrix}0&1\\1&0\end{bmatrix},\sigma_2=\begin{bmatrix}0&-\mathrm{i}\\\mathrm{i}&0\end{bmatrix},\sigma_3=\begin{bmatrix}1&0\\0&-1\end{bmatrix}$,

由题 2.41 的结论已知: $\sigma_1^2=\sigma_2^2=\sigma_3^2=I$,且

$$\sigma_1\sigma_2=\mathrm{i}\sigma_3,\quad\sigma_2\sigma_1=-\mathrm{i}\sigma_3$$
$$\sigma_2\sigma_3=\mathrm{i}\sigma_1,\quad\sigma_3\sigma_2=-\mathrm{i}\sigma_1$$
$$\sigma_3\sigma_1=\mathrm{i}\sigma_2,\quad\sigma_1\sigma_3=-\mathrm{i}\sigma_2$$

又

$$\delta_{jk}=\begin{cases}0&j\neq k\\1&j=k\end{cases}$$

所以

$$\sigma_j\sigma_k=\delta_{jk}I+\mathrm{i}\sum_{l=1}^{3}\varepsilon_{jkl}\sigma_l$$

成立。

练习 2.44 设 $[A,B]=0,\{A,B\}=0$,且 A 可逆,证明 B 必为 0。

证明: 由题意及题 2.42 的结论已知: $[A,B]=0,\{A,B\}=0$,则 $AB=0$,又因为 A 可逆,即 A^{-1} 存在且不为零,则

$$B=IB=A^{-1}AB=A^{-1}(AB)=A^{-1}(0)=0$$

或 $AB=0,IB=(A^{-1}A)B=A^{-1}(AB)=A^{-1}(0)=0$
$$\Rightarrow B=0$$

练习 2.45 证明 $[A,B]^\dagger = [B^\dagger, A^\dagger]$。

证明： $[A,B]^\dagger = (AB-BA)^\dagger = B^\dagger A^\dagger - A^\dagger B^\dagger = [B^\dagger, A^\dagger]$。

练习 2.46 证明 $[A,B] = -[B,A]$。

证明： $[A,B] = AB - BA = -(BA - AB) = -[B,A]$。

练习 2.47 设 A 和 B 都是 Hermite 的，证明 $\mathrm{i}[A,B]$ 是 Hermite 的。

证明： 根据题意 A 和 B 都是 Hermite 算子，则 $A^\dagger = A, B^\dagger = B$，所以有

$$(\mathrm{i}[A,B])^\dagger = (\mathrm{i}AB - \mathrm{i}BA)^\dagger = (\mathrm{i}AB)^\dagger - (\mathrm{i}BA)^\dagger = (-\mathrm{i}B^\dagger A^\dagger) - (-\mathrm{i}A^\dagger B^\dagger)$$
$$= \mathrm{i}A^\dagger B^\dagger - \mathrm{i}B^\dagger A^\dagger = \mathrm{i}[A^\dagger, B^\dagger] = \mathrm{i}[A,B]$$

2.1.10 极式分解和奇异值分解

阅读内容

极式(polar)分解和奇异值(singular value)分解是把线性算子分解成简单部分的一个有用的方法，特别地，这些分解使我们可以把一般的线性算子分解成酉算子和半正定算子的乘积。

定理 2.3（极式分解） 令 A 是向量空间 V 上的线性算子，则存在酉算子 U 和半正定算子 J 和 K，使得：

$$A = UJ = KU$$

其中，J 和 K 是唯一满足这些方程的半正定算子，定义 $J \equiv \sqrt{A^\dagger A}$ 和 $K \equiv \sqrt{AA^\dagger}$，而且，如果 A 可逆，U 还是唯一的。

定理 2.4（奇异值分解） 令 A 是一方阵，则必存在酉矩阵 U,V 和一个非负对角矩阵 D，使得 $A = UDV$，D 的对角元称为 A 的奇异值。

练习 2.48 一个半正定矩阵 P 的极式分解是什么？一个酉矩阵 U 的极式分解和一个 Hermite 阵 H 的极式分解分别是什么？

解析： 根据极式分解定理，显然一个半正定矩阵 P 的极式分解为：$P = IP = PI$，其中 I 为单位矩阵，即酉算子；一个酉矩阵 U 的极式分解为：$U = UI = IU$，其中

I 为单位矩阵,即半正定算子。

因为 H 是 Hermite 矩阵,根据定义 Hermite 矩阵能够对角化,其特征值均为实数,且 $H^\dagger = H$。则 $H = \sum_i \lambda_i |i\rangle\langle i|, \lambda_i \in \mathbf{R}$。

令:半正定算子 J 和 K 为 $|H| = \sum_i |\lambda_i| |i\rangle\langle i|$,酉算子 $U = \sum_i \mathrm{sgn}(\lambda_i) |i\rangle\langle i|$,显然有

$$H = UJ = KU$$

因为:

$$\left(\sum_i \mathrm{sgn}(\lambda_i)|i\rangle\langle i|\right)\left(\sum_j |\lambda_j| |j\rangle\langle j|\right) = \sum_{i,j} \mathrm{sgn}(\lambda_i) |\lambda_j| |i\rangle\langle i|j\rangle\langle j|$$

$$= \sum_{i,j} \mathrm{sgn}(\lambda_i) |\lambda_j| |i\rangle \delta_{ij} \langle j| = \sum_i \lambda_i |i\rangle\langle i| = H$$

半正定算子 J 和 K 为 $|A| = \sum_i |\lambda_i| |i\rangle\langle i|$。

练习 2.49 把一个正规矩阵的极式分解表示为外积的形式。

解析: 根据定义:一个矩阵(算子)是正规矩阵(算子)当且仅当它可以对角化。令正规矩阵

$$A = \sum_i \lambda_i |i\rangle\langle i|, \lambda_i \in \mathbf{C}$$

酉算子

$$U = \sum_i \mathrm{e}^{\mathrm{i}\arg(\lambda_i)} |i\rangle\langle i|$$

半正定算子 J 和 K 为 $|A| = \sum_i |\lambda_i| |i\rangle\langle i|$,显然

$$\mathrm{e}^{\mathrm{i}\arg(\lambda_i)} |\lambda_i| = \lambda_i, \lambda_i \in \mathbf{C}$$

练习 2.50 求如下矩阵的左右极式分解: $\begin{bmatrix} 1 & 0 \\ 1 & 1 \end{bmatrix}$。

解析: 令 $A = \begin{bmatrix} 1 & 0 \\ 1 & 1 \end{bmatrix}$,则半正定算子

$$J = \sqrt{A^\dagger A} = \begin{bmatrix} 1.9415 & 1.1094 \\ 1.1094 & 1.6641 \end{bmatrix}$$

和

$$K = \sqrt{AA^\dagger} = \begin{bmatrix} 0.8944 & 0.4472 \\ 0.4472 & 1.3416 \end{bmatrix}$$

计算西算子：$A = UJ = KU$，得：

$$U = \begin{bmatrix} 0.8944 & -0.4472 \\ 0.4472 & 0.8944 \end{bmatrix}$$

则：

$$\begin{bmatrix} 1 & 0 \\ 1 & 1 \end{bmatrix} = \begin{bmatrix} 0.8944 & -0.4472 \\ 0.4472 & 0.8944 \end{bmatrix} \begin{bmatrix} 1.9415 & 1.1094 \\ 1.1094 & 1.6641 \end{bmatrix}$$

$$= \begin{bmatrix} 0.8944 & 0.4472 \\ 0.4472 & 1.3416 \end{bmatrix} \begin{bmatrix} 0.8944 & -0.4472 \\ 0.4472 & 0.8944 \end{bmatrix}$$

2.2 量子力学假设

阅读内容

量子力学是基于物理理论发展的一个数学框架，量子力学本身不能告诉我们物理系统服从什么定律，但它却提供了研究这些定律的数学和概念的框架。

以下三个假设把物理世界和量子力学的数学描述联系了起来。

2.2.1 状态空间

> **假设1：**任一孤立物理系统都有一个称为系统状态空间的复内积向量空间（即Hilbert 空间）与之联系，系统完全由状态向量所描述。这个向量是系统状态空间的一个单位向量。

我们最关心的量子系统是量子比特。量子比特被视为最基本的量子力学系统。量子比特的物理系统是真实存在的。

状态 $\frac{|0\rangle - |1\rangle}{\sqrt{2}}$ 是状态 $|0\rangle$ 和 $|1\rangle$ 的状态叠加,状态 $|0\rangle$ 具有幅度 $\frac{1}{\sqrt{2}}$,状态 $|1\rangle$ 具有幅度 $-\frac{1}{\sqrt{2}}$。

2.2.2 演化

假设2:一个封闭量子系统的演化可以由一个酉变换来刻画,即系统在时刻 t_1 的状态 $|\psi\rangle$ 和系统在时刻 t_2 的状态 $|\psi'\rangle$,可以通过一个仅依赖于时间 t_1 和 t_2 的酉算子 U 相联系:$|\psi'\rangle = U|\psi\rangle$。

任意封闭量子系统的演化都可以用这种方式描述。在单量子比特的情形下,所有的酉算子都可以在实际系统中实现。

Hadamard 门是另一个有趣的酉算子,记作 H。它有

$$H|0\rangle \equiv (|0\rangle + |1\rangle)/\sqrt{2}, H|1\rangle \equiv (|0\rangle - |1\rangle)/\sqrt{2}$$

相应的矩阵表述为

$$H = \frac{1}{\sqrt{2}} \begin{bmatrix} 1 & 1 \\ 1 & -1 \end{bmatrix}$$

练习 2.51 验证 Hadamard 门是酉的。

验证:因为 $H = \frac{1}{\sqrt{2}} \begin{bmatrix} 1 & 1 \\ 1 & -1 \end{bmatrix}$,所以有:

$$H^\dagger H = \frac{1}{2} \begin{bmatrix} 1 & 1 \\ 1 & -1 \end{bmatrix}^\dagger \begin{bmatrix} 1 & 1 \\ 1 & -1 \end{bmatrix} = \frac{1}{2} \begin{bmatrix} 1 & 1 \\ 1 & -1 \end{bmatrix} \begin{bmatrix} 1 & 1 \\ 1 & -1 \end{bmatrix} = \begin{bmatrix} 1 & 0 \\ 0 & 1 \end{bmatrix} = I$$

同理:$HH^\dagger = I$,则 $H^\dagger H = HH^\dagger = I$,所以 Hadamard 门是酉的。

练习 2.52 验证 $H^2 = I$。

验证:

$$H^2 = HH = HH^\dagger = \left[\frac{1}{\sqrt{2}} \begin{bmatrix} 1 & 1 \\ 1 & -1 \end{bmatrix} \right] \left[\frac{1}{\sqrt{2}} \begin{bmatrix} 1 & 1 \\ 1 & -1 \end{bmatrix} \right] = \frac{1}{2} \begin{bmatrix} 2 & 0 \\ 0 & 2 \end{bmatrix} = \begin{bmatrix} 1 & 0 \\ 0 & 1 \end{bmatrix} = I$$

或者因为 Hadamard 门是酉的,所以 $H^2 = HH = HH^\dagger = I$。

练习 2.53 H 的特征值和特征向量是什么？

解析:

$$\frac{1}{\sqrt{2}}\begin{bmatrix}1 & 1 \\ 1 & -1\end{bmatrix} - \lambda I = -\left(\frac{\sqrt{2}}{2}+\lambda\right)\left(\frac{\sqrt{2}}{2}-\lambda\right) - \frac{1}{2} = \lambda^2 - 1 = 0$$

则：$\lambda_1 = 1, \lambda_2 = -1$。

$\lambda_1 = 1$ 时：

$$\left[\frac{1}{\sqrt{2}}\begin{bmatrix}1 & 1 \\ 1 & -1\end{bmatrix} - I\right]|v_1\rangle = \begin{bmatrix}\frac{\sqrt{2}-2}{2} & \frac{\sqrt{2}}{2} \\ \frac{\sqrt{2}}{2} & -\frac{\sqrt{2}+2}{2}\end{bmatrix}\begin{bmatrix}x_1 \\ x_2\end{bmatrix}$$

$$= \begin{bmatrix}1-\sqrt{2} & 1 \\ 1 & -(1+\sqrt{2})\end{bmatrix}\begin{bmatrix}x_1 \\ x_2\end{bmatrix} = \begin{bmatrix}0 \\ 0\end{bmatrix}$$

得其基础解系 $P_1 = \begin{bmatrix}1+\sqrt{2} \\ 1\end{bmatrix}$，Hadamard 门的属于特征值 1 的全部特征向量为 $k_1 P_1, k_1 \neq 0$。

$\lambda_1 = -1$ 时：

$$\left[\frac{1}{\sqrt{2}}\begin{bmatrix}1 & 1 \\ 1 & -1\end{bmatrix} + I\right]|v_1\rangle = \begin{bmatrix}\frac{\sqrt{2}+2}{2} & \frac{\sqrt{2}}{2} \\ \frac{\sqrt{2}}{2} & -\frac{\sqrt{2}-2}{2}\end{bmatrix}\begin{bmatrix}x_1 \\ x_2\end{bmatrix}$$

$$= \begin{bmatrix}1+\sqrt{2} & 1 \\ 1 & -(1-\sqrt{2})\end{bmatrix}\begin{bmatrix}x_1 \\ x_2\end{bmatrix} = \begin{bmatrix}0 \\ 0\end{bmatrix}$$

得其基础解系 $P_2 = \begin{bmatrix}1 \\ -(1+\sqrt{2})\end{bmatrix}$，Hadamard 门的属于特征值 -1 的全部特征向量为 $k_2 P_2, k_2 \neq 0$。

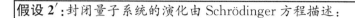

> **假设 2′**:封闭量子系统的演化由 Schrödinger 方程描述:
> $$i\hbar \frac{\mathrm{d}|\psi\rangle}{\mathrm{d}t} = H|\psi\rangle$$
> 这个方程中 $\hbar$ 称为 Planck 常数,其值必须由实验确定。它的精确值对我们并不重要,实践中,常把因子 $\hbar$ 的值放到 H 中,而置 $\hbar=1$,H 是一个称为封闭系统的 Hamilton 量的固定 Hermite 算子。

找出描述特定物理系统的 Hamilton 量一般是一个很难的问题,这需要从实验得来实质性结果。

由于 Hamilton 量是一个 Hermite 算子,故有谱分解:

$$H = \sum_E E|E\rangle\langle E|$$

其中特征值是 E,$|E\rangle$ 是相应的特征向量。状态 $|E\rangle$ 习惯上称作能量本征态 (energy eigensata),或有时称为定态 (stationary state),而 E 是 $|E\rangle$ 的能量。最低的能量称为系统的基态能量 (ground state energy),相应的能量本征态(或本征空间)称为基态 (ground state),状态 $|E\rangle$ 有时称为定态,原因是它们随时间的变化只是一个数值因子

$$|E\rangle \to \exp(-iEt/\hbar)|E\rangle$$

练习 2.54 设 A 和 B 是对易的 Hermite 算子,证明 $\exp(A)\exp(B) = \exp(A+B)$(提示:利用 2.1.9 节的结果)。

解析:由定理 2.2(同时对角化定理)可知,A 和 B 是 Hermite 算子,A 和 B 对易,则存在一个标准正交基 $|i\rangle$ 使 A 和 B 可以同时对角化。

设

$$A = \sum_i \lambda_i |i\rangle\langle i|, B = \sum_i \mu_i |i\rangle\langle i|$$

则

$$\exp(A) = \sum_i e^{\lambda_i}|i\rangle\langle i|, \exp(B) = \sum_i e^{\mu_i}|i\rangle\langle i|$$

所以有:

$$\exp(A)\exp(B) = \left(\sum_i e^{\lambda_i}|i\rangle\langle i|\right)\left(\sum_i e^{\mu_i}|i\rangle\langle i|\right) = \sum_{ij} e^{\lambda_i} e^{\mu_j}|i\rangle\langle i|j\rangle\langle j|$$

$$= \sum_{ij} e^{\lambda_i + \mu_j}|i\rangle \delta_{ij}\langle j| = \sum_i e^{\lambda_i + \mu_i}|i\rangle\langle i|$$

$$= \exp\left[\sum_i (\lambda_i + \mu_i)|i\rangle\langle i|\right] = \exp(A+B)$$

练习 2.55 证明式(2.91)定义的算子 $U(t_1, t_2)$ 是酉的。

证明：根据式(2.91)的定义：

$$U(t_1, t_2) \equiv \exp\left[\frac{-iH(t_2 - t_1)}{h}\right]$$

方法 1.

因为 $U(t_1, t_2)^\dagger = U(t_2, t_1)$，则

$$U(t_1, t_2)^\dagger U(t_1, t_2) = \exp\left[\frac{-iH(t_2 - t_1)}{h}\right]\exp\left[\frac{-iH(t_1 - t_2)}{h}\right]$$

$$= \exp\left[\frac{-iH(t_2 - t_1)}{h} + \frac{-iH(t_1 - t_2)}{h}\right] = \exp[0] = I$$

方法 2. 已知 H 是一个 Hermite 算子，则 H 可以进行谱分解，且其特征值为实数

$$H = \sum_i \lambda_i |i\rangle\langle i|, \lambda_i \in \mathbf{R}$$

则

$$U(t_1, t_2) \equiv \exp\left[\frac{-iH(t_2 - t_1)}{h}\right] = \exp\left[\sum_k \frac{-i(t_2 - t_1)\lambda_k}{h}|k\rangle\langle k|\right]$$

所以有：

$$U(t_1, t_2)^\dagger U(t_1, t_2) = \exp\left[\sum_k \left(\frac{-i(t_2 - t_1)\lambda_k}{h} + \frac{-i(t_1 - t_2)\lambda_k}{h}\right)|k\rangle\langle k|\right]$$

$$= \sum_k e^0 |k\rangle\langle k| = I$$

练习 2.56 利用谱分解证明 $K = -i\log(U)$ 对任意酉的 U 都是 Hermite 的，于是 $U = \exp(iK)$ 对某个 Hermite 的 K 成立。

证明：根据条件，因为 U 是酉的，即 $U^\dagger U = UU^\dagger = I$ 且具有谱分解，设其谱分解为

$$U = \sum_j \lambda_j |j\rangle\langle j|$$

又因为 U 是酉的，所以其特征值的模均为 1，则

$$\lambda_j = e^{i\theta_j}, \theta_j \in \mathbf{R}$$

(参考教材 66 页的练习 2.18)，即

$$U = \sum_j e^{i\theta_j} |j\rangle\langle j|$$

根据题意（参阅教材 70 页的算子函数）

$$K = -i\log(U) = -i\log\left(\sum_j e^{i\theta_j}|j\rangle\langle j|\right) = -i\sum_j (\log e^{i\theta_j})|j\rangle\langle j|$$

$$= -i\sum_j i\theta_j |j\rangle\langle j| = \sum_j \theta_j |j\rangle\langle j|$$

显然有 $K = K^\dagger$，所以 K 对任意酉的 U 都是 Hermite 的。因此对于

$$K = -i\log(U)$$
$$U = \exp(iK) = \exp[i(-i\log(U))] = \exp(\log U) = U$$

即 K 为所求的 Hermite 算子。

阅读内容

在量子计算与量子信息中常用到以下的说法，把一个酉算子应用到一个特定的量子系统上，例如，在量子线路的情况下，我们可以说：把酉门 X 应用到一个单量子比特上[我们（宏观）用一个酉门在干涉封闭的单比特量子系统（微观）演化]，微观的量子系统就不封闭了。一束激光聚焦在一个原子上的情形就是这样的例子。我们可以写出描述整个原子-激光系统的 Hamilton 量，此时原子的 Hamilton 量包含和激光密度以及激光其他参数有关的项，我们可以根据需要改变这些量，尽管原子不是一个封闭系统，原子的演化像是由我们可按需要改变的 Hamilton 量描述的一样。更一般地，对于许多这类系统实际上可以写出量子系统的一个时变 Hamilton 量。于是，虽然系统是不封闭的，但在很好的近似程

度上,是按照具有时变 Hamilton 量的 Schrödinger 方程演化。

2.2.3 量子测量

阅读内容

我们已假设封闭量子系统按酉算子演化。尽管系统演化可以不与世界其他部分相互作用,但是一定有某些时刻,实验者或实验设备——换句话说就是外部物理世界——要观察系统,以了解系统内部的情况,这个观测作用使得系统不再封闭,也就是不再服从酉演化。为了解释这样做的影响,我们引入假设 3,以便为描述量子系统的测量提供一条途径。

假设 3:量子测量由一组测量算子 $\{M_m\}$ 描述,这些算子作用在被测系统状态空间上,指标 m 表示实验中可能的测量结果,若在测量前,量子系统的最新状态是 $|\psi\rangle$,则结果 m 发生的可能性由

$$p(m) = \langle \psi | M_m^\dagger M_m | \psi \rangle$$

给出,且测量后系统的状态为

$$\frac{M_m |\psi\rangle}{\sqrt{\langle \psi | M_m^\dagger M_m | \psi \rangle}}$$

测量算子满足完备性方程

$$\sum_m M_m^\dagger M_m = I$$

完备性方程表达了概率之和为 1 的事实:

$$1 = \sum_m p(m) = \sum_m \langle \psi | M_m^\dagger M_m | \psi \rangle$$

该方程对所有的 $|\psi\rangle$ 成立,等价于完备性方程。然而,直接检验完备性方程要容易得多,这就是其出现在假设叙述中的原因。

测量的一个简单但重要的例子是,单量子比特在计算基下的测量,这是在单量子比特上的测量,有由两个测量算子 $M_0 = |0\rangle\langle 0|$ 和 $M_1 = |1\rangle\langle 1|$ 定义的两个结果。注意到每个测量算子都是 Hermite 的,并且 $M_0^2 = M_0, M_1^2 = M_1$,于是满足完备性关系:

$$I = M_0^\dagger M_0 + M_1^\dagger M_1 = M_0 + M_1$$

假设被测量状态是 $a|0\rangle + b|1\rangle$,则获得测量结果 0 的概率是

$$\begin{aligned}
p(0) &= \langle \psi | M_0^\dagger M_0 | \psi \rangle = \langle \psi | M_0 | \psi \rangle = \langle \psi | (|0\rangle\langle 0|) | \psi \rangle \\
&= (\langle \psi |0\rangle)(\langle 0| \psi \rangle) = [(\langle 0| a^* + \langle 1| b^*)|0\rangle][\langle 0|(a|0\rangle + b|1\rangle)] \\
&= (a^*\langle 0|0\rangle + b^*\langle 1|0\rangle)(a\langle 0|0\rangle + b\langle 0|1\rangle) \\
&= a^* a = |a|^2
\end{aligned}$$

类似地,获得测量结果 1 的概率是 $p(1) = |b|^2$。两种情况下,测量后的状态分别为

$$\frac{M_0 |\psi\rangle}{|a|} = \frac{a}{|a|} |0\rangle$$

$$\frac{M_1 |\psi\rangle}{|b|} = \frac{b}{|b|} |1\rangle$$

练习 2.57(串联的测量等于单次测量) 设 $\{L_l\}$ 和 $\{M_m\}$ 是两组测量算子,证明先经过由一个测量算子 $\{L_l\}$ 定义的测量后,再经过由测量算子 $\{M_m\}$ 定义的测量,在物理上等价于一个由测量算子 $\{N_{lm}\}$ 定义的单次测量,算子 $\{N_{lm}\}$ 具有表示 $N_{lm} \equiv M_m L_l$。

解析:设 $|\psi\rangle$ 是最初的量子状态,根据假设 3,经过 $\{L_l\}$ 测量后,结果 l 发生的可能性由

$$p(l) = \langle \psi | L_l^\dagger L_l | \psi \rangle$$

给出,测量后系统的状态为

$$|\varphi\rangle = \frac{L_l |\psi\rangle}{\sqrt{\langle \psi | L_l^\dagger L_l | \psi \rangle}}$$

在此状态上再做 $\{M_m\}$ 测量,则结果 m 发生的可能性

$$p(m) = \langle \varphi | M_m^\dagger M_m | \varphi \rangle = \frac{\langle \psi | L_l^\dagger M_m^\dagger M_m L_l | \psi \rangle}{\langle \psi | L_l^\dagger L_l | \psi \rangle}$$

则:

$$P = p(m)p(l) = \langle \psi | L_l^\dagger M_m^\dagger M_m L_l | \psi \rangle$$

设状态

$$|\Phi\rangle = \frac{M_m|\varphi\rangle}{\sqrt{\langle\varphi|M_m^\dagger M_m|\varphi\rangle}} = \frac{M_m \frac{L_l|\psi\rangle}{\sqrt{\langle\psi|L_l^\dagger L_l|\psi\rangle}}}{\sqrt{\frac{\langle\psi|L_l^\dagger M_m^\dagger M_m L_l|\psi\rangle}{\langle\psi|L_l^\dagger L_l|\psi\rangle}}}$$

$$= \frac{M_m L_l|\psi\rangle}{\sqrt{\langle\psi|L_l^\dagger M_m^\dagger M_m L_l|\psi\rangle}}$$

若记 $N_{lm} \equiv M_m L_l$(其中 $\sum_l L_l^\dagger L_l = I$, $\sum_m M_m^\dagger M_m = I$),则 P 作用在最初量子状态 $|\psi\rangle$ 上,

$$P = \langle\psi|N_{lm}^\dagger N_{lm}|\psi\rangle$$

$$|\Phi\rangle = \frac{M_m L_l|\psi\rangle}{\sqrt{\langle\psi|L_l^\dagger M_m^\dagger M_m L_l|\psi\rangle}}$$

$$\sum_{lm} N_{lm}^\dagger N_{lm} = \sum_{lm} L_l^\dagger M_m^\dagger M_m L_l = \sum_l L_l^\dagger \left(\sum_m M_m^\dagger M_m\right) L_l = \sum_l L_l^\dagger L_l = I$$

2.2.4 区分量子状态

阅读内容

假设 3 的一个重要应用是区分量子状态。我们的论证倾向于支持非正交量子状态不可区分。

像量子计算与量子信息中许多其他概念一样,不可区分性通过一个包括 Alice 和 Bob 的双方游戏的类比来说明,这最容易理解。Alice 从两个人都知道的某个固定状态集合中选择一个状态 $|\psi_i\rangle$($1 \leqslant i \leqslant n$),她把 $|\psi_i\rangle$ 交给 Bob,Bob 的任务是找出 Alice 给他的状态指标 i。

设状态集 $|\psi_i\rangle$ 是正交的,于是 Bob 可以通过下面的过程做一个量子测量来区分这些状态。对每个指标 i 定义测量算子 $M_i \equiv |\psi_i\rangle\langle\psi_i|$,再定义一个测量算子 M_0 为半正定算子

$$I - \sum_{i \neq 0} |\psi_i\rangle\langle\psi_i|$$

的非负平方根,这些算子满足完备性关系,并且如果状态是 $|\psi_i\rangle$,则

$$p(i) = \langle \psi_i | M_i | \psi_i \rangle = 1$$

测量结果肯定是 i,因此,可以可靠地区分正交状态集 $|\psi_i\rangle$。

与之对照,如果状态集 $|\psi_i\rangle$ 不是正交的,那么可以证明没有量子测量可以区分这些状态。思路是 Bob 做一个由测量算子 M_j 和输出 j 描述的测量,Bob 根据测量结果,用某些规则

$$i = f(j)$$

来猜测指标 i,其中 $f(j)$ 表示猜测规则。Bob 不能区分非正交状态 $|\psi_1\rangle$ 和 $|\psi_2\rangle$ 的关键原因是,$|\psi_2\rangle$ 可以分解出一个平行于 $|\psi_1\rangle$ 的(非零)分量,和一个正交于 $|\psi_1\rangle$ 的分量,设 j 是使 $f(j) = 1$ 的测量结果,即当观察到 j 时,Bob 猜测状态是 $|\psi_1\rangle$。但由于 $|\psi_2\rangle$ 有分量平行于 $|\psi_1\rangle$,当状态是 $|\psi_2\rangle$ 时,Bob 就有不为零的概率得到 j,于是有时 Bob 会误判状态。

盒子 2.3   非正交状态不能可靠区分的证明

用反证法证明:没有测量可以区分非正交状态 $|\psi_1\rangle$ 和 $|\psi_2\rangle$,反设这种测量是可能的,如果状态是 $|\psi_1\rangle(|\psi_2\rangle)$,则测量到 j 使 $f(j) = 1(f(j) = 2)$ 的概率必定为 1。定义

$$E_i \equiv \sum_{j:f(j)=i} M_j^\dagger M_j$$

这些观察可以写作

$$\langle \psi_1 | E_1 | \psi_1 \rangle = 1, \langle \psi_2 | E_2 | \psi_2 \rangle = 1 \qquad (2.99)$$

由于 $\sum_i E_i = I$,故 $\sum_i \langle \psi_1 | E_i | \psi_1 \rangle = 1$,而由于 $\langle \psi_1 | E_1 | \psi_1 \rangle = 1$,故必有 $\langle \psi_1 | E_2 | \psi_1 \rangle = 0$,于是 $\sqrt{E_2} | \psi_1 \rangle = 0$。设我们有分解 $|\psi_2\rangle = \alpha |\psi_1\rangle + \beta |\varphi\rangle$,其中 $|\varphi\rangle$ 与 $|\psi_1\rangle$ 正交,$|\alpha|^2 + |\beta|^2 = 1$,且 $|\beta| < 1$,因为 $|\psi_1\rangle$ 与 $|\psi_2\rangle$ 非正交,于是 $\sqrt{E_2} |\psi_2\rangle = \beta \sqrt{E_2} |\varphi\rangle$,这蕴含了与式(2.99)的矛盾。因为

$$\langle \psi_2 | E_2 | \psi_2 \rangle = |\beta|^2 \langle \varphi | E_2 | \varphi \rangle \leqslant |\beta|^2 < 1$$

其中倒数第二个不等式来自以下事实

$$\langle \varphi | E_2 | \varphi \rangle \leqslant \sum_i \langle \varphi | E_i | \varphi \rangle = \langle \varphi | \varphi \rangle = 1$$

2.2.5 投影测量

投影测量 投影测量由被观测系统状态空间上的一个可观测量 Hermite 算子 M 描述,该可观测量具有谱分解

$$M = \sum_m m P_m$$

其中 P_m 是到特征值 m 的本征空间 M 上的投影,测量的可能结果对应于测量算子的特征值 m。测量状态 $|\psi\rangle$ 时,得到结果 m 的概率为

$$p(m) = \langle \psi | P_m | \psi \rangle$$

给定测量结果 m,测量后量子系统的状态立即为

$$\frac{P_m |\psi\rangle}{\sqrt{p(m)}}$$

投影测量可以视为假设 3 的特殊情况。设假设 3 中的测量算子除了满足完备性关系 $\sum_m M_m^\dagger M_m = I$,还满足 M_m 是正交投影算子的条件,即 M_m 是 Hermite 的,且

$$M_m M_{m'} = \delta_{mm'} M_m$$

有了这些附加限制,假设 3 退化为刚刚定义的投影测量。

盒子 2.4　Heisenberger 测不准原理

也许量子力学最有名的结果就是 Heisenberger 测不准原理了。设 A 和 B 是两个 Hermite 算子,而 $|\psi\rangle$ 是一个量子状态,设 $\langle \psi | AB | \psi \rangle = x + iy$,其中 x 和 y 是实数。注意 $\langle \psi | [A,B] | \psi \rangle = 2iy$ 和 $\langle \psi | \{A,B\} | \psi \rangle = 2x$,这蕴含

$$|\langle \psi | [A,B] | \psi \rangle|^2 + |\langle \psi | \{A,B\} | \psi \rangle|^2 = 4|\langle \psi | AB | \psi \rangle|^2 \tag{2.105}$$

由 Chauchy-Schwarz 不等式,

$$|\langle \psi | AB | \psi \rangle|^2 \leqslant \langle \psi | A^2 | \psi \rangle \langle \psi | B^2 | \psi \rangle \tag{2.106}$$

结合式(2.105),并去掉非负项,给出

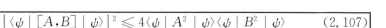

$$|\langle\psi|[A,B]|\psi\rangle|^2 \leqslant 4\langle\psi|A^2|\psi\rangle\langle\psi|B^2|\psi\rangle \quad (2.107)$$

设 C 和 D 是两个可观测量,以 $A=C-\langle C\rangle$ 和 $B=D-\langle D\rangle$ 代入上式,我们得到 Heisenberger 测不准原理的常见形式

$$\Delta(C)\Delta(D) \geqslant \frac{|\langle\psi|[C,D]|\psi\rangle|}{2} \quad (2.108)$$

需要当心关于这个测不准原理的一种常见的误解,即认为观察 C 精确到 $\Delta(C)$,会引起 D 的值受到大小为 $\Delta(D)$ 的干扰,$\Delta(D)$ 满足类似于式(2.108)的某种关系。虽然量子力学中的测量会干扰被测系统,但这绝对不是测不准原理的含义。

测不准原理的正确解释是:如果我们制备大量具有相同状态 $|\psi\rangle$ 的量子系统,并对一部分系统测量 C,另一部分系统测量 D,那么 C 的结果的标准偏差 $\Delta(C)$ 乘以 D 的结果的标准偏差 $\Delta(D)$ 将满足不等式(2.108)。

作为测不准原理的一个例子,考虑采用测量算子 X 和 Y 对量子状态 $|0\rangle$ 测量时的可观测量 X 和 Y,式(2.70)中我们给过 $[X,Y]=2iZ$,于是测不准原理告诉我们

$$\Delta(X)\Delta(Y) \geqslant \langle 0|Z|0\rangle = 1 \quad (2.109)$$

不等式的一个基本结论是:如果直接计算可以验证的,$\Delta(X)$ 和 $\Delta(Y)$ 一定都是严格大于 0。

As an example of the uncertainty principle, consider the observables X and Y when measured for the quantum state $|0\rangle$. In Equation (2.70) we showed that $[X,Y]=2iZ$, so the uncertainty principle tells us that

$$\Delta(X)\Delta(Y) \geqslant \langle 0|Z|0\rangle = 1 \quad (2.109)$$

One elementary consequence of this is that $\Delta(X)$ and $\Delta(Y)$ must both be strictly greater than 0, as can be verified by direct calculation.

投影测量具有很多好的性质,特别地,很容易计算投影测量的平均值。

定义投影测量的平均值是:

$$E(M) = \sum_m mp(m) = \sum_m m\langle\psi|P_m|\psi\rangle = \langle\psi|\left(\sum_m mP_m\right)|\psi\rangle = \langle\psi|M|\psi\rangle \tag{2.113}$$

这是一个非常有用的公式,可以化简许多计算。可观测量 M 的平均值常写作 $\langle M\rangle \equiv \langle\psi|M|\psi\rangle$。

从这个平均值公式可以导出与观测 M 相联系的标准偏差的一个公式:

$$[\Delta(M)]^2 = \langle(M-\langle M\rangle)^2\rangle = \langle M^2\rangle - \langle M\rangle^2 \tag{2.115}$$

标准方差是测量 M 的观测值典型分散程度的一个度量。特别地,如果进行大量状态为 $|\psi\rangle$ 观测的 M 实验,则观测值的标准方差 $[\Delta(M)]^2$ 由公式 $[\Delta(M)]^2 = \langle M^2\rangle - \langle M\rangle^2$ 决定。

练习 2.58 设量子系统处在可观测量 M 的某个本征态 $|\psi\rangle$,相应的特征值为 m,求平均观测值和标准差。

解析:根据题意和上述定义,该量子系统的平均观测值为:

$$E(M) = \langle\psi|M|\psi\rangle = \langle\psi|\left(\sum_\lambda \lambda P_\lambda\right)|\psi\rangle \xrightarrow{\text{系统处在可观测量 } M \text{ 的某个本征态 } |\psi\rangle,\text{相应的特征值为 } m}$$

$$= \langle\psi|mP_m|\psi\rangle = \langle\psi|m|\psi\rangle = m\langle\psi|\psi\rangle = m$$

根据定义 $\langle M\rangle \equiv E(M) = \langle\psi|M|\psi\rangle = m$,以及 $M|\psi\rangle = m|\psi\rangle$

$$\langle M^2\rangle = \langle\psi|M^2|\psi\rangle = \langle\psi|MM|\psi\rangle = \langle\psi|mm|\psi\rangle = m^2\langle\psi|\psi\rangle = m^2$$

所以有

$$[\Delta(M)] = \sqrt{\langle M^2\rangle - \langle M\rangle^2} = \sqrt{m^2 - m^2} = 0$$

阅读内容

有两个广泛使用的关于测量的说法值得一提。

人们常简单地列出一组满足关系 $\sum_m P_m = I$ 和 $P_m P_{m'} = \delta_{mm'} P_m$ 的正交投影算子 P_m,而不是给出观测量来描述投影测量,这种做法的相应观测量为 $M = \sum_m mP_m$,另一广泛采用的术语"在基 $|m\rangle$ 下测量",其中 $|m\rangle$ 构成标准正交基,就是指进行使用投影 $P_m = |m\rangle\langle m|$ 的投影测量。

第 2 章 量子力学引论的阅读辅导与习题练习

练习 2.59 设量子比特处于 $|0\rangle$ 状态，且我们测量可观测量 X，求 X 的平均值和标准差。

解析：

方法 1.（给出标准正交基及其投影测量算子的描述）单量子比特 $|0\rangle$ 上的投影测量。可观测量 X 的测量，其特征值是：$+1$ 和 -1，相应的特征向量是：

$$\frac{1}{\sqrt{2}}(|0\rangle + |1\rangle) = |+\rangle, \qquad \frac{1}{\sqrt{2}}(|0\rangle - |1\rangle) = |-\rangle$$

$$\begin{aligned}
X &= \sum_{m=\pm 1} m P_m = |+\rangle\langle+| - |-\rangle\langle-| \\
&= \frac{1}{2}(|0\rangle + |1\rangle)(\langle 0| + \langle 1|) - \frac{1}{2}(|0\rangle - |1\rangle)(\langle 0| - \langle 1|) \\
&= \frac{1}{2}[(|0\rangle\langle 0| + |1\rangle\langle 0| + |0\rangle\langle 1| + |1\rangle\langle 1|) \\
&\quad - (|0\rangle\langle 0| - |1\rangle\langle 0| - |0\rangle\langle 1| + |1\rangle\langle 1|)] \\
&= |1\rangle\langle 0| + |0\rangle\langle 1|
\end{aligned}$$

于是，测量 X 对状态 $|0\rangle$ 有

$$\begin{aligned}
E(X) &= \langle 0|X|0\rangle = \langle 0|(|+\rangle\langle+| - |-\rangle\langle-|)|0\rangle \\
&= \langle 0|(|1\rangle\langle 0| + |0\rangle\langle 1|)|0\rangle \\
&= \langle 0|1\rangle\langle 0|0\rangle + \langle 0|0\rangle\langle 1|0\rangle = \langle 0|1\rangle + \langle 1|0\rangle \\
&= \begin{bmatrix} 1 & 0 \end{bmatrix}\begin{bmatrix} 0 \\ 1 \end{bmatrix} + \begin{bmatrix} 0 & 1 \end{bmatrix}\begin{bmatrix} 1 \\ 0 \end{bmatrix} = 0 + 0 = 0
\end{aligned}$$

所以有 $E(X) = \langle 0|X|0\rangle = 0$。

因为 X 的标准差为：

$$[\Delta(X)] = \sqrt{\langle X^2 \rangle - \langle X \rangle^2}$$

且：

$$\begin{aligned}
X^2 &= (|1\rangle\langle 0| + |0\rangle\langle 1|)(|1\rangle\langle 0| + |0\rangle\langle 1|) \\
&= |1\rangle\langle 0|1\rangle\langle 0| + |0\rangle\langle 1|1\rangle\langle 0| + |1\rangle\langle 0|0\rangle\langle 1| + |0\rangle\langle 1|0\rangle\langle 1| \\
&= |0\rangle\langle 0| + |1\rangle\langle 1|
\end{aligned}$$

$$\langle X\rangle^2 = E(X)^2 = 0$$

所以

$$[\Delta(X)] = \sqrt{\langle X^2\rangle - \langle X\rangle^2} = \sqrt{\langle 0|(|0\rangle\langle 0|+|1\rangle\langle 1|)|0\rangle - 0}$$

$$= \sqrt{\langle 0|0\rangle\langle 0|0\rangle + \langle 0|1\rangle\langle 1|0\rangle} = \sqrt{\langle 0|0\rangle^2} = \langle 0|0\rangle = 1$$

方法 2. 直接使用 $X \equiv \begin{bmatrix} 0 & 1 \\ 1 & 0 \end{bmatrix}$ 计算：

$$E(X) = \langle 0|\begin{bmatrix} 0 & 1 \\ 1 & 0 \end{bmatrix}|0\rangle = \begin{bmatrix} 1 & 0 \end{bmatrix}\begin{bmatrix} 0 & 1 \\ 1 & 0 \end{bmatrix}\begin{bmatrix} 0 \\ 1 \end{bmatrix} = 0$$

$$X^2 = \begin{bmatrix} 0 & 1 \\ 1 & 0 \end{bmatrix}\begin{bmatrix} 0 & 1 \\ 1 & 0 \end{bmatrix} = \begin{bmatrix} 1 & 0 \\ 0 & 1 \end{bmatrix} = I$$

因为 $\langle X\rangle = E(X) = 0, \langle X^2\rangle = \langle 0|X^2|0\rangle = \langle 0|I|0\rangle = 1$，所以

$$[\Delta(X)]^2 = \langle X^2\rangle - \langle X\rangle^2 = 1 - 0 = 1$$

练习 2.60 证明 $\mathbf{v}\cdot\boldsymbol{\sigma}$ 的特征值是 ± 1，且按相应的本征空间的投影分别是 $P_\pm = (I \pm \mathbf{v}\cdot\boldsymbol{\sigma})/2$。

证明：(参考练习 2.35)，其中 $\mathbf{v}$ 为任意三维单位实向量，$\mathbf{v}\cdot\boldsymbol{\sigma} \equiv v_1\sigma_x + v_2\sigma_y + v_3\sigma_z$，

$$\mathbf{v}\cdot\boldsymbol{\sigma} \equiv v_1\begin{bmatrix} 0 & 1 \\ 1 & 0 \end{bmatrix} + v_2\begin{bmatrix} 0 & -\mathrm{i} \\ \mathrm{i} & 0 \end{bmatrix} + v_3\begin{bmatrix} 1 & 0 \\ 0 & -1 \end{bmatrix} = \begin{bmatrix} v_3 & v_1 - \mathrm{i}v_2 \\ v_1 + \mathrm{i}v_2 & -v_3 \end{bmatrix}$$

$$(\mathbf{v}\cdot\boldsymbol{\sigma} - \lambda I) = \begin{vmatrix} v_3 - \lambda & v_1 - \mathrm{i}v_2 \\ v_1 + \mathrm{i}v_2 & -v_3 - \lambda \end{vmatrix} = 0,$$

$$\lambda^2 - v_3^2 - v_2^2 - v_1^2 = 0$$

$\lambda = \pm\sqrt{v_1^2 + v_2^2 + v_3^2} = \pm\sqrt{1} = \pm 1$。求出特征值 ± 1 对应的特征向量为

$$\begin{bmatrix} \dfrac{v_1 - \mathrm{i}v_2}{\sqrt{2(1 \mp v_3)}} \\ \pm\sqrt{\dfrac{1 \mp v_3}{2}} \end{bmatrix}$$

① 由可观测量:$\boldsymbol{v}\cdot\boldsymbol{\sigma} = 1\,P_+ + (-1)\,P_-$,再由完备性:$P_+ + P_- = I$,所以:$P_+ = (I+\boldsymbol{v}\cdot\boldsymbol{\sigma})/2$,$P_- = (I-\boldsymbol{v}\cdot\boldsymbol{\sigma})/2$。

② 直接将 ± 1 代入 $(\boldsymbol{v}\cdot\boldsymbol{\sigma}-\lambda I) = \begin{vmatrix} v_3-\lambda & v_1-\mathrm{i}v_2 \\ v_1+\mathrm{i}v_2 & -v_3-\lambda \end{vmatrix}$,即可得到

$$P_+ = \frac{\begin{bmatrix} 1+v_3 & v_1-\mathrm{i}v_2 \\ v_1+\mathrm{i}v_2 & 1-v_3 \end{bmatrix}}{2}, \quad P_- = \frac{\begin{bmatrix} 1-v_3 & -(v_1-\mathrm{i}v_2) \\ -(v_1+\mathrm{i}v_2) & 1+v_3 \end{bmatrix}}{2}$$

显然可得:$P_\pm = (I \pm \boldsymbol{v}\cdot\boldsymbol{\sigma})/2$。

练习 2.61 假设测量之前的状态是 $|0\rangle$,计算对测量算子 $\boldsymbol{v}\cdot\boldsymbol{\sigma}$ 得到 $+1$ 的概率,求得到 $+1$ 后的系统状态。

解析: 由 2.60 的结果:

$$\boldsymbol{v}\cdot\boldsymbol{\sigma} \equiv v_1\cdot\sigma_1 + v_2\cdot\sigma_2 + v_3\cdot\sigma_3$$

$$= v_1\begin{bmatrix} 0 & 1 \\ 1 & 0 \end{bmatrix} + v_2\begin{bmatrix} 0 & -\mathrm{i} \\ \mathrm{i} & 0 \end{bmatrix} + v_3\begin{bmatrix} 1 & 0 \\ 0 & -1 \end{bmatrix} = \begin{bmatrix} v_3 & v_1-\mathrm{i}v_2 \\ v_1+\mathrm{i}v_2 & -v_3 \end{bmatrix}$$

根据题意:$\boldsymbol{v}\cdot\boldsymbol{\sigma} = 1\,P_+ + (-1)\,P_-$,$P_+ = \begin{bmatrix} 1+v_3 & v_1-\mathrm{i}v_2 \\ v_1+\mathrm{i}v_2 & 1-v_3 \end{bmatrix}/2$,

$$p(+1) = \langle 0 | P_+ | 0 \rangle = \frac{1}{2}\left(\begin{bmatrix} 1 & 0 \end{bmatrix}\begin{bmatrix} 1+v_3 & v_1-\mathrm{i}v_2 \\ v_1+\mathrm{i}v_2 & 1-v_3 \end{bmatrix}\begin{bmatrix} 1 \\ 0 \end{bmatrix}\right) = \frac{1}{2}(1+v_3)$$

即 $+1$ 的概率为 $\frac{1}{2}(1+v_3)$;

得到 $+1$ 后的系统状态为:

$$\frac{P_+|0\rangle}{\sqrt{p(+1)}} = \frac{1}{\sqrt{\frac{1+v_3}{2}}}\begin{bmatrix} 1+v_3 \\ v_1+\mathrm{i}v_2 \end{bmatrix} = \frac{\sqrt{2}}{\sqrt{1+v_3}}\begin{bmatrix} 1+v_3 \\ v_1+\mathrm{i}v_2 \end{bmatrix} = \sqrt{2}\begin{bmatrix} \sqrt{1+v_3} \\ \dfrac{v_1+\mathrm{i}v_2}{\sqrt{1+v_3}} \end{bmatrix}$$

2.2.6 POVM 测量(半正定算子值测量 positive operator-valued measure)

阅读内容

量子测量假设3涉及两个要素,一是描述测量统计特征的规则,即分别得到不同测量结果的概率,二是给出测量后描述系统状态的规则。但是,对于某些应用,系统测量后的状态几乎没有什么意义,主要关心的是系统得到不同结果的概率。例如,仅在结束阶段对系统进行一次测量的实验就是这种情况。称为POVM形式体系的数学工具特别适合于分析在这类情况下的测量结果。该形式体系是测量假设3一般描述的简单结论。但POVM理论非常优美并且应用广泛。

设测量算子 M_m 在状态为 $|\psi\rangle$ 的量子系统上进行测量,则得到结果 m 的概率由 $p(m) = \langle \psi | M_m^\dagger M_m | \psi \rangle$ 给出,如果定义

$$E_m \equiv M_m^\dagger M_m \tag{2.117}$$

则根据假设3和初等线性代数可知,E_m 是满足 $\sum_m E_m = I$ 和 $p(m) = \langle \psi | E_m | \psi \rangle$ 是半正定算子。于是算子集合 E_m 足以确定不同测量结果的概率,算子 E_m 称为与测量相联系的POVM元,完整的集合 $\{E_m\}$ 称为一个POVM。

由测量算子 P_m 描述的投影测量,其中 P_m 是满足 $P_m P_{m'} = \delta_{mm'} P_m$ 和 $\sum_m P_m = I$ 的投影算子,就是POVM的例子,在此例中(且仅对此例)所有的POVM元与测量算子本身相同,因为 $E_m \equiv P_m^\dagger P_m = P_m$。

> **练习2.62** 证明测量算子和POVM元一致的任何测量都是投影测量。

证明: 设测量算子为 $\{M_k\}$,根据定义可得 $M_k = M_k^\dagger M_k$ 为半正定算子,又有 $M_k^\dagger = M_k^\dagger (M_k^\dagger)^\dagger = M_k^\dagger M_k$,所以 $M_k = M_k^\dagger$(注:其实 M_k 为半正定算子即可),则:

$$M_k = M_k^\dagger M_k = M_k^2$$

且 $\sum_k M_k^\dagger M_k = I$,即 $\sum_k M_k = I$。半正定算子 M_k 是Hermite的,由谱分解定理,它具有对角表示:

$$M_k = \sum_i \lambda_{i_k} |i_k\rangle \langle i_k|$$

且
$$M_k^2 = \sum_i \lambda_{i_k}^2 |i_k\rangle\langle i_k|$$

则：$\lambda_{i_k} = \lambda_{i_k}^2$，即$\lambda_{i_k} = 1$或$\lambda_{i_k} = 0$，半正定算子的特征根均为非负的实数，则$M_k = \sum_i |i_k\rangle\langle i_k|$（注：此处$|i_k\rangle$对应$\lambda_{i_k} = 1$的特征向量）。

从中任取一个$|i_k\rangle$，因为
$$\langle i_k | \sum_k M_k | i_k \rangle = 1$$

又因为
$$\sum_k M_k = \sum_{k' \neq k} M_{k'} + M_k$$

则
$$\langle i_k | \sum_{k' \neq k} M_{k'} + M_k | i_k \rangle = \langle i_k | \sum_{k' \neq k} M_{k'} | i_k \rangle + \langle i_k | M_k | i_k \rangle = 1$$

所以有
$$\langle i_k | \sum_{k' \neq k} M_{k'} | i_k \rangle = 0$$

因为$M_{k'}$为半正定算子，有$\langle i_k | M_{k'} | i_k \rangle \geqslant 0$，则$\langle i_k | M_{k'} | i_k \rangle = 0$。$M_{k'}$具有谱分解
$$M_{k'} = \sum_j |j_{k'}\rangle\langle j_{k'}|$$

所以有$\langle i_k | \sum_j |j_{k'}\rangle\langle j_{k'}| | i_k \rangle = 0$，即$\sum_j |\langle i_k | j_{k'}\rangle|^2 = 0$，

所以对任意的i, j和k'都有$\langle i_k | j_{k'}\rangle = 0$，从而有
$$M_k M_{k'}^\dagger = \left(\sum_i |i_k\rangle\langle i_k|\right)\left(\sum_j |j_{k'}\rangle\langle j_{k'}|\right) = \sum_{ij} |i_k\rangle\langle i_k | j_{k'}\rangle\langle j_{k'}| = 0$$

即得到测量$\{M_k\}$是投影测量。

阅读内容

POVM算子是半正定的且满足$\sum_m E_m = I$，设$\{E_m\}$是任意满足$\sum_m E_m = I$的半正定算子集合，证明存在一组测量算子M_m，来定义由POVM$\{E_m\}$所描述的

测量。定义 $M_m \equiv \sqrt{E_m}$，则我们看到

$$\sum_m M_m^\dagger M_m = \sum_m E_m = I$$

则集合 M_m 描述了一个具有 POVM $\{E_m\}$ 的测量，因此把 POVM 定义为任意满足如下条件的算子集合 $\{E_m\}$ 是方便的：(1) 每个算子 E_m 是半正定的；(2) 表达概率和为 1 的完备性等式 $\sum_m E_m = I$ 成立。为完成 POVM 的描述，再次注意对任意给定的 POVM $\{E_m\}$，得到结果 m 的概率由 $p(m) = \langle \psi | E_m | \psi \rangle$ 给出。

考虑由三个元素构成的 POVM：

$$E_1 \equiv \frac{\sqrt{2}}{1+\sqrt{2}} |1\rangle\langle 1|$$

$$E_2 \equiv \frac{\sqrt{2}}{1+\sqrt{2}} \frac{(|0\rangle - |1\rangle)(\langle 0| - \langle 1|)}{2}$$

$$E_3 \equiv I - E_1 - E_2$$

可以直接验证这些半正定算子满足完备性关系 $\sum_m E_m = I$，因此构成合格的 POVM。

> **盒子 2.5　一般测量、投影测量和 POVM**
>
> 量子力学的大多数概论材料只介绍投影测量，以致许多物理学家不熟悉假设 3 中对测量的一般描述，也可能不熟悉 2.2.6 节中描述的 POVM 形式体系。大多数物理学家没有学到测量的一般形式是因为大多数物理系统只能进行非常粗糙的测量。
>
> 在量子计算与量子信息中，我们的目标是在精细的水平上控制测量的过程，因此更全面的测量形式是有帮助的。
>
> 当然，如 2.2.8 节所述，当同时考虑量子力学的其他公理时，投影测量加上酉操作事实上完全等价于一般测量，因此，掌握了投影测量的物理学家会问：从假设 3 的一般测量开始的目的何在？原因是多方面的。首先，从数学上看，一般测量在某种意义下看更简单，因为涉及测量算子的限制较少，例如对一般测量，没有像对投影测量的 $P_i P_j = \delta_{ij} P_i$ 条件那样的限制，这个简化的结构也带给一般测量许多投影测量所不具备的有用性质。其次，量子计算与量子信息中

存在的重要问题——如区分一组量子状态的最优方式——的答案涉及一般测量,而不是投影测量。

选择从假设 3 开始的第三个理由和投影测量的一个称为可重复性的性质有关,投影测量在如下意义下可以重复:若进行一次投影测量,得到结果 m,重复测量会再次得到 m 而不会改变状态。为明确这一点,设 $|\psi\rangle$ 为初态,第一次测量后的状态是

$$|\psi_m\rangle = \frac{P_m|\psi\rangle}{\sqrt{\langle\psi|P_m|\psi\rangle}}$$

应用 P_m 到 $|\psi_m\rangle$ 并不会改变它,于是有 $\langle\psi_m|P_m|\psi_m\rangle = 1$,故重复测量每次都得到 m,且不改变状态。

投影测量的可重复性提示我们,量子力学中的许多重要测量不是投影测量。例如,如果我们用涂有银的屏去测量光子的位置,我们就在测量过程中毁灭了光子,这当然使重复测量光子位置成为不可能!许多其他量子测量在与投影测量相同的意义下也是不可重复的,对这些测量就必须采用假设 3 的一般测量假设了。POVM 处在什么样的理论位置?最好将 POVM 看作为了研究一般测量的统计特性,POVM 为此提供了最简单的方法,且是一种不需要知道测量后状态的特殊测量,它有时可以为量子测量的研究提供额外的灵感的、方便的数学工具。

练习 2.63 设测量由测量算子组 M_m 给出,证明存在西算子组 U_m 使得 $M_m = U_m \sqrt{E_m}$,其中 E_m 是与测量相联系的 POVM。

解析:根据定理 2.3(极式分解),测量算子组 M_m 存在西算子 U_m 和半正定算子 J_m,使得 $M_m = U_m J_m$ 成立。设

$$E_m = J_m^2 = J_m^\dagger J_m$$

则 E_m 是半正定算子,满足条件(1)。

又因为 $U_m^\dagger M_m = U_m^\dagger U_m J_m = J_m$,则 $J_m = \sqrt{E_m} = U_m^\dagger M_m$,所以有

$$\sum_m E_m = \sum_m J_m^\dagger J_m = \sum_m J_m^\dagger J_m = \sum_m M_m^\dagger U_m U_m^\dagger M_m = \sum_m M_m^\dagger M_m = I$$

完备性成立,满足条件(2)。

所以测量算子组 M_m 描述了一个具有 POVM$\{E_m\}$ 的测量。

> **练习 2.64** 设 Bob 收到一个从线性无关组 $|\psi_1\rangle,\cdots,|\psi_m\rangle$ 中选出的量子状态,构造一个 POVM$\{E_1,E_2,\cdots,E_{m+1}\}$,使得如果结果是 $E_i,1\leqslant i\leqslant m$,则 Bob 可以确认他收到的是状态 $|\psi_i\rangle$(POVM 必须使对每个 $i,\langle\psi_i|E_i|\psi_i\rangle>0$)。

解析:根据题意,我们需要构造一组 $\{E_i\}$,使得 $\langle\psi_i|E_i|\psi_i\rangle>0$,且 $\langle\psi_j|E_i|\psi_j\rangle=0$。

构造过程如下:对于每个指标 i,取向量 $|\psi_i\rangle$ 补空间的一个向量 $|\varphi_i\rangle$,使得除去 $|\psi_i\rangle$,$|\varphi_i\rangle$ 与集合 $\{|\psi_1\rangle,\cdots,|\psi_m\rangle\}$ 中的每一个都正交,但

$$\langle\varphi_i|\psi_i\rangle>0$$

则定义测量算子

$$E_i=|\varphi_i\rangle\langle\varphi_i|,1\leqslant i\leqslant m$$

另,再定义一个测量算子 E_{m+1} 为半正定算子 $I-\sum_i|\varphi_i\rangle\langle\varphi_i|$ 的非负平方根,显然这些算子 $E_1,E_2,\cdots,E_{m+1}$ 中每个算子 E_i 都是半正定的,且满足完备性关系。对接收到的状态 $|\psi_i\rangle$,有

$$p(i)=\langle\psi_i|E_i|\psi_i\rangle>0 \text{ 且 } p(i)=\langle\psi_j|E_i|\psi_j\rangle=0。$$

2.2.7 相位

阅读内容

相位是量子力学中的常用术语,依据上下文具有几种不同的含义,可以概括如下:

全局相位因子(global phase factor):

例如,状态 $e^{i\theta}|\psi\rangle$,其中 $|\psi\rangle$ 是状态向量,θ 是实数。我们说除了全局相位因子 $e^{i\theta}$,状态 $e^{i\theta}|\psi\rangle$ 与状态 $|\psi\rangle$ 相等。有趣的是这两个状态的测量统计是相同的。为了说明这一点,设 M_m 是与某个量子测量相联系的测量算子,注意得到测量结果 m 的概率分别为

$$\langle\psi|M_m^\dagger M_m|\psi\rangle$$

和

$$\langle \psi | e^{-i\theta} M_m^\dagger M_m e^{i\theta} | \psi \rangle = \langle \psi | M_m^\dagger M_m | \psi \rangle$$

于是从观察的角度,这两个状态是等同的,所以,可以忽略全局相位因子,因为它与物理系统的可观测性质无关。

相对相位因子(relative phase factor):

另一类相位称为相对相位,含义很不相同。考虑状态

$$\frac{|0\rangle + |1\rangle}{\sqrt{2}} \text{ 和 } \frac{|0\rangle - |1\rangle}{\sqrt{2}}$$

第一个状态中$|1\rangle$的幅度是$\frac{1}{\sqrt{2}}$,第二个状态中$|1\rangle$的幅度是$-\frac{1}{\sqrt{2}}$,两种情况的幅度大小是一样的,但符号不同。更一般地,我们说两个状态的幅度a和b相差一个相对相位,如果存在实数θ,使得$a = \exp(i\theta)b$。如果在此基下的每个幅度都由一个相位因子联系,称两个状态在某个基下差一个相对相位。例如,上述两个状态除了一个相对相移之外是一致的,因为$|0\rangle$的幅度一致(相对相位因子为1),而$|1\rangle$的幅度仅差一个相对相位因子-1。

相对相位因子和全局相位因子的区别在于相对相位因子可以依幅度不同而不同,这使得相对相位依赖基选择,这不同于全局相位。结果是,在某个基下,仅相对相位不同的状态具有物理可观测的统计差别,而不能像仅差全局相位因子状态那样,把这些状态视为物理等价。

练习 2.65 在一个基下把状态$(|0\rangle + |1\rangle)/\sqrt{2}$ 和 $(|0\rangle - |1\rangle)/\sqrt{2}$ 表示成精度到差一个相对相移。

解析: 因为

$$\frac{|0\rangle + |1\rangle}{\sqrt{2}} = |+\rangle + 0|-\rangle = |+\rangle$$

$$\frac{|0\rangle - |1\rangle}{\sqrt{2}} = 0|+\rangle + |-\rangle = |-\rangle$$

所以在基$\{|+\rangle, |-\rangle\}$下,上述两个状态的幅度大小不同,且相对相移不同,即$a = \exp(i\theta)b$,此时$\theta = \pi$。

2.2.8 复合系统

阅读内容

> **假设 4**：复合物理系统的状态空间是分物理系统状态空间的张量积，若将分系统编号为 1 到 n，系统 i 的状态被置为 $|\psi_i\rangle$，则整个系统的总状态为 $|\psi_1\rangle \otimes |\psi_2\rangle \otimes \cdots \otimes |\psi_n\rangle$。

为什么用张量积作为描述复合物理系统的状态空间的数学结构？在一个层面上，我们可以不把它归结为更基本的概念，而是简单地作为基本假设来接受。我们期望用某种规范方法描述量子力学复合系统。

物理学家有时喜欢提到量子力学的叠加原理(superposition principle of quantum mechanics)，指的是，如果 $|x\rangle$ 和 $|y\rangle$ 是量子系统的两个状态，那么它们的任意叠加 $\alpha|x\rangle + \beta|y\rangle$ 也应该是量子系统的一个可能状态，其中 $|\alpha|^2 + |\beta|^2 = 1$。对于复合系统，很自然地认为 $|A\rangle$ 是系统 A 的一个状态，$|B\rangle$ 是系统 B 的一个状态，则相应地应该有某个状态，可以记作 $|A\rangle|B\rangle$，属于联合系统 AB。应用叠加原理到这种乘积形式的状态就得到如上提出的张量积。

> **练习 2.66** 证明对处在状态 $(|00\rangle + |11\rangle)/\sqrt{2}$ 的双量子比特系统的观测量 $X_1 Z_2$ 测量的平均值为零。

解析：

$$E(X_1 Z_2) = \frac{\langle 00| + \langle 11|}{\sqrt{2}} (X_1 Z_2) \frac{|00\rangle + |11\rangle}{\sqrt{2}}$$

$$= \frac{1}{2}(\langle 00| + \langle 11|)(X|0\rangle \otimes Z|0\rangle + X|1\rangle \otimes Z|1\rangle)$$

$$= \frac{1}{2}(\langle 00| + \langle 11|)(|10\rangle - |01\rangle)$$

$$= \langle 00|10\rangle + \langle 11|10\rangle - \langle 00|01\rangle - \langle 11|01\rangle = 0$$

阅读内容

投影测量加上酉动态就可以实现一般测量。

设有一个状态空间为 Q 的量子系统，希望在系统 Q 上进行由测量算子 M_m 定义的测量。为此，引入状态空间为 M 的辅助系统，该系统有一个与可能得到的

测量结果一一对应的标准正交归一基$|m\rangle$,这个辅助系统可以认为仅仅是一个出现在我们结构中的一个数学装置,也可以认为是为解决问题而引入的状态空间满足要求性质的附加量子系统。

令$|0\rangle$是M的任一固定状态,在Q中状态$|\psi\rangle$和状态$|0\rangle$的积$|\psi\rangle|0\rangle$上定义一个酉算子U,如下:

$$U|\psi\rangle|0\rangle \equiv \sum_m M_m|\psi\rangle|m\rangle$$

利用状态集$|m\rangle$的标准正交性和完备性$\sum_m M_m^\dagger M_m = I$,可知$U$保持形如$|\psi\rangle|0\rangle$状态之间的内积,即

$$\langle\varphi|\langle 0|U^\dagger U|\psi\rangle|0\rangle = \sum_{mm'}\langle\varphi|M_{m'}^\dagger M_m|\psi\rangle\langle m|m'\rangle = \sum_m\langle\varphi|M_m^\dagger M_m|\psi\rangle = \langle\varphi|\psi\rangle$$

U可以扩展为空间$Q\otimes M$上的酉算子。

> **练习 2.67** 设V是 Hilbert 空间且W是其子空间,设$U:W\to V$是一个保持内积的线性算子,即W中对任意$|w_1\rangle$和$|w_2\rangle$有
>
> $$\langle w_1|U^\dagger U|w_2\rangle = \langle w_1|w_2\rangle$$
>
> 证明存在扩张U的酉算子$U':V\to V$,即对所有W中的$|w\rangle$成立$U'|w\rangle = U|w\rangle$,但U'定义在整个空间V上,通常略去符号"'",仍用U表示其扩张。

解析:设$W^\perp$为W的正交补空间,其中的向量记为$|w^\perp\rangle$,则$|v\rangle = |w\rangle + |w^\perp\rangle$,定义$U'$:

$$U'|v\rangle = U|w\rangle + |w^\perp\rangle$$

则在V中对任意$|v_1\rangle$和$|v_2\rangle$有

$$\langle v_1|v_2\rangle = (\langle w_1| + \langle w_1^\perp|)(|w_2\rangle + |w_2^\perp\rangle) = \langle w_1|w_2\rangle + \langle w_1^\perp|w_2^\perp\rangle$$

$$\langle v_1|U'^\dagger U'|v_2\rangle = (\langle w_1|U^\dagger + \langle w_1^\perp|)(U|w_2\rangle + |w_2^\perp\rangle)$$
$$= \langle w_1|U^\dagger U|w_2\rangle + \langle w_1|U^\dagger|w_2^\perp\rangle + \langle w_1^\perp|U|w_2\rangle + \langle w_1^\perp|w_2^\perp\rangle$$
$$= \langle w_1|w_2\rangle + \langle w_1^\perp|w_2^\perp\rangle$$

其中 $\langle w_1 | U^\dagger | w_2 \rangle = 0, \langle w_1 | U | w_2 \rangle = 0$，因为 $\langle w_1 | U^\dagger$ 和 $U | w_2 \rangle$ 仍然在 W 中，所以有

$$\langle v_1 | U'^\dagger U' | v_2 \rangle = \langle v_1 | v_2 \rangle$$

即 U' 是酉算子。

阅读内容

令 U 作用于 $|\psi\rangle|0\rangle$ 后，设对两个系统进行由投影 $P_m \equiv I_Q \otimes |m\rangle\langle m|$ 描述的投影测量，结果 m 出现的概率是

$$p(m) = \langle\psi|\langle 0| U^\dagger P_m U|\psi\rangle|0\rangle = \sum_{m',m''}\langle\psi|\langle 0| U^\dagger (I_Q \otimes |m\rangle\langle m|) U|\psi\rangle|0\rangle$$

$$= \sum_{m',m''}\langle\psi| M_{m'}^\dagger \langle m'| (I_Q \otimes |m\rangle\langle m|) M_{m''} |\psi\rangle|m''\rangle$$

$$= \sum_{m',m''}\langle\psi| M_{m'}^\dagger M_{m''}|\psi\rangle\langle m'|m\rangle\langle m|m''\rangle = \langle\psi| M_m^\dagger M_m |\psi\rangle$$

正如假设 3 所给出的，测量后联合系统 $Q \otimes M$ 的状态依赖于测量结果 m，由下式给出：

$$\frac{P_m U|\psi\rangle|0\rangle}{\sqrt{\langle\psi|\langle 0| U^\dagger P_m U |\psi\rangle|0\rangle}} = \frac{M_m|\psi\rangle|m\rangle}{\sqrt{\langle\psi| M_m^\dagger M_m |\psi\rangle}}$$

系统 M 的测量后状态为 $|m\rangle$，而系统 Q 的状态为：

$$\frac{M_m|\psi\rangle}{\sqrt{\langle\psi| M_m^\dagger M_m |\psi\rangle}}$$

假设 4 还使我们能够定义与复合量子系统有关的、最有趣也最令人困惑的概念——纠缠（entanglement），考虑双量子比特状态

$$|\psi\rangle = \frac{|00\rangle + |11\rangle}{\sqrt{2}}$$

这个状态具有以下值得注意的性质：不存在单个量子比特的状态 $|a\rangle$ 和 $|b\rangle$，使 $|\psi\rangle = |a\rangle|b\rangle$。

练习 2.68 证明对任意单量子比特状态 $|a\rangle$ 和 $|b\rangle$，都有 $|\psi\rangle \neq |a\rangle|b\rangle$。

解析：假设对任意单量子比特状态 $|a\rangle$ 和 $|b\rangle$，有 $|\psi\rangle = |a\rangle|b\rangle$ 成立。

不失一般性，设$|a\rangle = \alpha_1|0\rangle + \alpha_2|1\rangle$，$|b\rangle = \beta_1|0\rangle + \beta_2|1\rangle$，$\alpha_i, \beta_i \in \mathbf{C}$，假设有$|\psi\rangle = |a\rangle|b\rangle$，则：

$$|\psi\rangle = |a\rangle|b\rangle = (\alpha_1|0\rangle + \alpha_2|1\rangle) \otimes (\beta_1|0\rangle + \beta_2|1\rangle)$$
$$= \alpha_1\beta_1|00\rangle + \alpha_2\beta_1|10\rangle + \alpha_1\beta_2|01\rangle + \alpha_2\beta_2|11\rangle$$

因为有单量子比特$|a\rangle$和$|b\rangle$的纠缠态：

$$\frac{|00\rangle + |11\rangle}{\sqrt{2}}$$

但以下等式不可能成立，结论与假设矛盾，所以有$|\psi\rangle \neq |a\rangle|b\rangle$结论成立。（其他情况同样成立）

$$\begin{cases} \alpha_1\beta_1 = \alpha_2\beta_2 = \dfrac{1}{\sqrt{2}} \\ \alpha_2\beta_1 = \alpha_1\beta_2 = 0 \end{cases}$$

2.2.9 量子力学：总览

阅读内容

从量子力学的这些独特特征可以得出什么结论？有可能把量子力学重新描述成数学上等价的一种更像经典物理学的结构吗？以下我们将证明 Bell 不等式，这个惊人的结果表明任何重新描述量子力学的企图都注定会失败。我们已无法摆脱量子力学反直观的性质了。当然，我们正确的反应应该是高兴，而不是伤心，它给了我们一个开发量子力学直观化思想工具的机会，而且，可以利用状态向量的隐含特性完成在经典世界不可能的量子信息处理任务。

2.3 应用：超密编码

阅读内容

通信双方 Alice 和 Bob 开始共享一对处于纠缠态的量子比特：

$$|\psi\rangle = \frac{|00\rangle + |11\rangle}{\sqrt{2}}$$

其中 Alice 和 Bob 各持有纠缠量子比特对的一半，Alice 可以用超密编码传送给

Bob两个经典比特信息,而只用到单量子比特的通信和提前共享的纠缠态资源。

以下为四个 Bell 态:

$$|\beta_{00}\rangle = \frac{|00\rangle + |11\rangle}{\sqrt{2}}, |\beta_{01}\rangle = \frac{|00\rangle - |11\rangle}{\sqrt{2}},$$

$$|\beta_{10}\rangle = \frac{|01\rangle + |10\rangle}{\sqrt{2}}, |\beta_{11}\rangle = \frac{|01\rangle - |10\rangle}{\sqrt{2}}$$

练习 2.69 验证 Bell 基构成双量子比特空间的一个标准正交基。

验证:因为:

$$|00\rangle = |0\rangle \otimes |0\rangle = \begin{bmatrix}1\\0\end{bmatrix} \otimes \begin{bmatrix}1\\0\end{bmatrix} = \begin{bmatrix}1\\0\\0\\0\end{bmatrix},$$

$$|01\rangle = |0\rangle \otimes |1\rangle = \begin{bmatrix}1\\0\end{bmatrix} \otimes \begin{bmatrix}0\\1\end{bmatrix} = \begin{bmatrix}0\\1\\0\\0\end{bmatrix},$$

$$|10\rangle = |0\rangle \otimes |0\rangle = \begin{bmatrix}0\\1\end{bmatrix} \otimes \begin{bmatrix}1\\0\end{bmatrix} = \begin{bmatrix}0\\0\\1\\0\end{bmatrix},$$

$$|11\rangle = |1\rangle \otimes |1\rangle = \begin{bmatrix}0\\1\end{bmatrix} \otimes \begin{bmatrix}0\\1\end{bmatrix} = \begin{bmatrix}0\\0\\0\\1\end{bmatrix}$$

所以:

$$|\beta_{00}\rangle = \frac{|00\rangle + |11\rangle}{\sqrt{2}} = \frac{1}{\sqrt{2}}\begin{bmatrix}1\\0\\0\\1\end{bmatrix}, |\beta_{01}\rangle = \frac{|00\rangle - |11\rangle}{\sqrt{2}} = \frac{1}{\sqrt{2}}\begin{bmatrix}1\\0\\0\\-1\end{bmatrix}$$

$$|\beta_{10}\rangle = \frac{|01\rangle + |10\rangle}{\sqrt{2}} = \frac{1}{\sqrt{2}}\begin{bmatrix} 0 \\ 1 \\ 1 \\ 0 \end{bmatrix}, |\beta_{11}\rangle = \frac{|01\rangle - |10\rangle}{\sqrt{2}} = \frac{1}{\sqrt{2}}\begin{bmatrix} 0 \\ 1 \\ -1 \\ 0 \end{bmatrix}$$

因为:

$$\langle \beta_{00} | \beta_{00} \rangle = \frac{1}{2}\begin{bmatrix} 1 & 0 & 0 & 1 \end{bmatrix}\begin{bmatrix} 1 \\ 0 \\ 0 \\ 1 \end{bmatrix} = 1$$

或

$$\langle \beta_{00} | \beta_{00} \rangle = \left(\frac{\langle 00| + \langle 11|}{\sqrt{2}}\right)\left(\frac{|00\rangle + |11\rangle}{\sqrt{2}}\right)$$
$$= \frac{\langle 00|00\rangle + \langle 00|11\rangle + \langle 11|00\rangle + \langle 11|11\rangle}{2}$$
$$= \frac{\langle 00|00\rangle + \langle 11|11\rangle}{2} = \frac{1+1}{2} = 1$$

同理:$\langle \beta_{ij} | \beta_{ij} \rangle = 1, i,j \in \{0,1\}$;$\langle \beta_{ji} | \beta_{ij} \rangle = 0, i,j \in \{0,1\}, i \neq j$。

$$\langle \beta_{01} | \beta_{00} \rangle = \frac{1}{2}\begin{bmatrix} 0 & 1 & 1 & 0 \end{bmatrix}\begin{bmatrix} 1 \\ 0 \\ 0 \\ 1 \end{bmatrix} = 0$$

所以 Bell 基构成双量子比特空间的一个标准正交基。

练习 2.70 设 E 是作用在 Alice 的量子比特上的任意半正定算子,证明当 $|\psi\rangle$ 是四个 Bell 态之一时,$\langle \psi | E \otimes I | \psi \rangle$ 取相同的值。设某个怀有恶意的第三方(Eve)在超密编码协议中发送给 Bob 的途中截获了 Alice 的量子比特,Eve 可能推断出 Alice 试图发送的是四个比特串 00,01,10,11 中的哪一个吗?如果是这样,如何推断?如果不是这样,为什么?

解析: Eve 不可能推断出 Alice 试图发送的比特串是四个比特串集合

{00,01,10,11} 中的哪一个。因为:

$$|\beta_{xy}\rangle = \frac{1}{\sqrt{2}}(|0,y\rangle + (-1)^x |1,\bar{y}\rangle)$$

$$\langle \beta_{xy}|E \otimes I|\beta_{xy}\rangle = \frac{1}{2}[\langle 0,y|E \otimes I|0,y\rangle + (-1)^{2x}\langle 1,\bar{y}|E \otimes I|1,\bar{y}\rangle]$$

$$= \frac{1}{2}(\langle 0|E|0\rangle \otimes \langle y|I|y\rangle + \langle 1|E|1\rangle \otimes \langle \bar{y}|I|\bar{y}\rangle)$$

$$= \frac{1}{2}(\langle 0|E|0\rangle + \langle 1|E|1\rangle)$$

其中 $\langle y|I|y\rangle = \langle \bar{y}|I|\bar{y}\rangle = 1$。显然无论选择集合 {00,01,10,11} 中的哪一个,

$$\langle \psi|E \otimes I|\psi\rangle$$

都取相同的值,即 $|\beta_{xy}\rangle$ 都与 x,y 无关,所以 Eve 不可能推断出 Alice 试图发送的比特串。

2.4 密度算子

阅读内容

我们已经用状态向量的语言描述了量子力学,另一种描述是采用称为密度算子或密度矩阵的工具。这种形式在数学上等价于状态向量方法,但它为量子力学某些最常见场合提供了方便得多的语言。

密度算子真正漂亮的应用是作为描述复合量子系统中的个别子系统的工具。

2.4.1 量子状态的系综

阅读内容

密度算子语言为描述状态不完全已知的量子系统提供了一条方便的途径。

设量子系统以概率 p_i 处在一组状态 $|\psi_i\rangle$ 中的某一个,其中 i 是一个指标,则称 $\{p_i, |\psi_i\rangle\}$ 为一个纯态的系综(ensemble of pure state),系统的密度算子定义为:

$$\rho \equiv \sum_i p_i |\psi_i\rangle\langle \psi_i| \tag{2.138}$$

密度算子也常被称作密度矩阵。

量子力学的全部假设都可以用密度算子语言重新描述。

设封闭量子系统的演化由酉算子 U 描述,如果系统初态为 $|\psi_i\rangle$ 的概率是 p_i,则演化发生后,系统将以概率 p_i 进入状态 $U|\psi_i\rangle$,于是,密度算子的演化可用下式描述:

$$\rho = \sum_i p_i |\psi_i\rangle\langle\psi_i| \xrightarrow{U} \sum_i p_i U|\psi_i\rangle\langle\psi_i| U^\dagger = U\rho U^\dagger \quad (2.139)$$

用密度算子语言描述测量也很容易。

设我们进行由测量算子 M_m 描述的测量,如果初态是 $|\psi_i\rangle$,则得到关于 $|\psi_i\rangle$ 的结果为 m 的概率是:(注:条件概率为 $p(m|i)$)

$$p(m|i) = \langle\psi_i| M_m^\dagger M_m |\psi_i\rangle = \mathrm{tr}(M_m^\dagger M_m |\psi_i\rangle\langle\psi_i|) \quad (2.140)$$

由全概率公式得到结果 m 的概率是:

$$p(m) = \sum_i p(m|i) p_i = \sum_i p_i \mathrm{tr}(M_m^\dagger M_m |\psi_i\rangle\langle\psi_i|) = \mathrm{tr}(M_m^\dagger M_m \rho) \quad (2.143)$$

得到测量结果 m 以后的系统密度算子是什么?如果初态是 $|\psi_i\rangle$,则得到结果 m 后的状态是

$$|\psi_i^m\rangle = \frac{M_m |\psi_i\rangle}{\sqrt{\langle\psi_i| M_m^\dagger M_m |\psi_i\rangle}} \quad (2.144)$$

于是,经过一个得到结果 m 的测量,我们得到个别概率为 $p(i|m)$ 状态 $|\psi_i^m\rangle$ 的系综,相应的密度算子 ρ_m 是:(注:条件概率为 $p(i|m)$)

$$\rho_m = \sum_i p(i|m) |\psi_i^m\rangle\langle\psi_i^m| = \sum_i p(i|m) \frac{M_m |\psi_i\rangle\langle\psi_i| M_m^\dagger}{\langle\psi_i| M_m^\dagger M_m |\psi_i\rangle} \quad (2.145)$$

根据初等概率论: $p(i|m) = p(m,i)/p(m) = p(m|i) p_i/p(m)$,将此结果代入式(2.140)和式(2.143),得到:

$$\rho_m = \sum_i p_i \frac{M_m |\psi_i\rangle\langle\psi_i| M_m^\dagger}{\mathrm{tr}(M_m^\dagger M_m \rho)} = \frac{M_m \rho M_m^\dagger}{\mathrm{tr}(M_m^\dagger M_m \rho)} \quad (2.147)$$

以上论述表明，与酉演化和测量有关的量子力学基本假设可以用密度算子语言重新描述。

纯态与混合态及其判定问题：

具有精确已知状态的量子系统称为处于纯态(pure state)，这种情况下，密度算子就是 $\rho = |\psi\rangle\langle\psi|$，否则，$\rho$ 处于混合态(mixed state)，称为是在 ρ 的系综中不同纯态的混合。

纯态满足 $\mathrm{tr}(\rho^2) = 1$，混合态满足 $\mathrm{tr}(\rho^2) < 1$。

有时人们用术语混合态统称纯态和混合量子态，这种说法的起源似乎隐含作者不必要假设状态是纯的；术语纯态常用于指一个状态向量 $|\psi\rangle$，以区别于密度算子 ρ。

最后，设想量子系统以概率 p_i 处于状态 ρ_i，不难发现系统可以用密度矩阵 $\sum_i p_i \rho_i$ 来描述。这一点的证明如下：设 ρ_i 来自某个纯态的系综 $\{p_{ij}, |\psi_{ij}\rangle\}$（注：$i$ 是固定的），于是开始处在状态 $|\psi_{ij}\rangle$ 的概率是 $p_i p_{ij}$，因此系统的密度矩阵是：

$$\rho \equiv \sum_{ij} p_i p_{ij} |\psi_{ij}\rangle\langle\psi_{ij}| = \sum_i p_i \rho_i \tag{2.149}$$

其中用了定义 $\rho_i \equiv \sum_{ij} p_{ij} |\psi_{ij}\rangle\langle\psi_{ij}|$，称 ρ 为具有概率 p_i 的状态 ρ_i 的混合。

2.4.2 密度算子的一般性质

阅读内容

定理 2.5（密度算子的特征） 一个算子 ρ 是和某个系综 $\{p_i, |\psi_i\rangle\}$ 相关联的密度算子，当且仅当它满足如下条件：

(1)（迹条件）ρ 的迹等于1；

(2)（半正定条件）ρ 是一个半正定算子。

证明：设 $\rho = \sum_i p_i |\psi_i\rangle\langle\psi_i|$ 是一个密度算子，则

$$\mathrm{tr}(\rho) = \sum_i p_i \mathrm{tr}(|\psi_i\rangle\langle\psi_i|) = \sum_i p_i = 1 \tag{2.153}$$

满足迹条件。设 $|\varphi\rangle$ 是状态空间中任意一个向量，则

$$\langle\varphi|\rho|\varphi\rangle = \sum_i p_i \langle\varphi|\psi_i\rangle\langle\psi_i|\varphi\rangle = \sum_i p_i |\langle\varphi|\psi_i\rangle|^2 \geq 0 \tag{2.156}$$

第 2 章 量子力学引论的阅读辅导与习题练习

满足半正定条件。

反过来,设 ρ 是满足迹和半正定条件的任意算子,由于 ρ 半正定,它必有谱分解:

$$\rho = \sum_j \lambda_j |j\rangle\langle j| \tag{2.157}$$

其中向量组 $|j\rangle$ 是正交的,且 λ_j 是实数,是 ρ 的非负特征值。从迹条件可知 $\sum_j \lambda_j = 1$,于是,一个以概率 λ_j 处于状态 $|j\rangle$ 的系统将具有密度算子 ρ,即系综 $\{\lambda_j, |j\rangle\}$ 是产生密度算子 ρ 的状态组的一个系综。

我们可以把密度算子定义为一个迹等于 1 的半正定算子,该定义使我们可以重新在密度算子图像中描述量子力学的假设。

假设 1 任意孤立物理系统与称之为这个系统的状态空间相关联,它是个带内积的复向量空间(即 Hilbert 空间)。系统由作用在状态空间上的密度算子完全描述,密度算子是一个半正定迹为 1 的算子 ρ,如果量子系统以概率 p_i 处于状态 ρ_i,则系统的密度算子为 $\sum_i p_i \rho_i$。

假设 2 封闭量子系统的演化由一个酉变换描述,即系统在时刻 t_1 的状态 ρ 和在时刻 t_2 的状态 ρ' 由一个仅依赖于时间 t_1 和 t_2 的酉算子 U 联系。

$$\rho' = U\rho U^\dagger \tag{2.158}$$

假设 3 量子测量是由一组测量算子 $\{M_m\}$ 描述,这些算子作用在所测量的状态空间上,指标 m 指实验中可能出现的测量结果。如果量子系统在测量前的最后状态是 ρ,则得到结果 m 的概率由

$$p(m) = \mathrm{tr}(M_m^\dagger M_m \rho) \tag{2.159}$$

给出,且测量后的系统状态为:

$$\frac{M_m \rho M_m^\dagger}{\mathrm{tr}(M_m^\dagger M_m \rho)} \tag{2.160}$$

测量算子满足完备性方程

$$\sum_m M_m^\dagger M_m = I \tag{2.161}$$

假设 4 复合物理系统的状态空间是分物理系统状态空间的张量积,而且,如果有系统 1 到 n,其中系统 i 处于状态 ρ_i,则全系统的共同状态是 $\rho_1 \otimes \rho_2 \otimes \cdots \otimes \rho_n$。

密度算子在描述状态未知的量子系统和描述复合系统的子系统上作用突出。

练习 2.71(判断一个状态是混合态还是纯态) 令 ρ 是一个密度算子,证明 $\mathrm{tr}(\rho^2) \leqslant 1$,当且仅当 ρ 是纯态,等式成立。

解析:设 ρ 是一个密度算子,根据定义,则

$$\begin{aligned}
\mathrm{tr}(\rho^2) &= \mathrm{tr}\Big[\Big(\sum_i p_i |\psi_i\rangle\langle\psi_i|\Big)^2\Big] \\
&= \mathrm{tr}\Big[\Big(\sum_i p_i |\psi_i\rangle\langle\psi_i|\Big)\Big(\sum_j p_j |\psi_j\rangle\langle\psi_j|\Big)\Big] \\
&= \mathrm{tr}\Big[\sum_{ij} p_i p_j (|\psi_i\rangle\langle\psi_i|)(|\psi_j\rangle\langle\psi_j|)\Big] \\
&= \mathrm{tr}\Big[\sum_{ij} p_i p_j \langle\psi_i|\psi_j\rangle(|\psi_i\rangle\langle\psi_j|)\Big] \\
&= \sum_{ij} p_i p_j \langle\psi_i|\psi_j\rangle \mathrm{tr}(|\psi_i\rangle\langle\psi_j|) \\
&= \sum_{ij} p_i p_j \langle\psi_i|\psi_j\rangle\langle\psi_j|\psi_i\rangle \\
&= \sum_{ij} p_i p_j |\langle\psi_i|\psi_j\rangle|^2 \\
&\leqslant \sum_{ij} p_i p_j = 1
\end{aligned}$$

显然当且仅当对于所有的 i, j 都有 $|\langle\psi_i|\psi_j\rangle|^2 = 1$ 时,等号成立,此时 i, j 只有一种可能的情况发生,即 ρ 是纯态。

举例:

$$\rho \equiv \sum_i p_i |\psi_i\rangle\langle\psi_i|$$

(1) 系综 $\left\{\dfrac{1}{2}, |0\rangle; \dfrac{1}{2}, |1\rangle\right\}$ 的密度矩阵(算子)为

第 2 章 量子力学引论的阅读辅导与习题练习

$$\rho = \sum_i p_i |\psi_i\rangle\langle\psi_i| = \frac{1}{2}|0\rangle\langle 0| + \frac{1}{2}|1\rangle\langle 1| = \begin{bmatrix} \frac{1}{2} & 0 \\ 0 & \frac{1}{2} \end{bmatrix}$$

(2) 系综 $\left\{\frac{1}{2}, |+\rangle; \frac{1}{2}, |-\rangle\right\}$ 的密度矩阵(算子)为

$$\rho = \sum_i p_i |\psi_i\rangle\langle\psi_i| = \frac{1}{2}|+\rangle\langle +| + \frac{1}{2}|-\rangle\langle -|$$

$$= \frac{1}{4}(|0\rangle + |1\rangle)(\langle 0| + \langle 1|) + \frac{1}{4}(|0\rangle - |1\rangle)(\langle 0| - \langle 1|)$$

$$= \frac{1}{2}|0\rangle\langle 0| + \frac{1}{2}|1\rangle\langle 1| = \begin{bmatrix} \frac{1}{2} & 0 \\ 0 & \frac{1}{2} \end{bmatrix}$$

因此系综 $\left\{\frac{1}{2}, |0\rangle; \frac{1}{2}, |1\rangle\right\}$ 和系综 $\left\{\frac{1}{2}, |+\rangle; \frac{1}{2}, |-\rangle\right\}$ 的密度矩阵相同。

同样,密度矩阵

$$\rho = \frac{3}{4}|0\rangle\langle 0| + \frac{1}{4}|1\rangle\langle 1|$$

的量子系统必然以 3/4 概率处于状态 $|0\rangle$,以 1/4 概率处于状态 $|1\rangle$,但我们还可以定义如下的两个状态:

$$|a\rangle \equiv \sqrt{\frac{3}{4}}|0\rangle + \sqrt{\frac{1}{4}}|1\rangle$$

$$|b\rangle \equiv \sqrt{\frac{3}{4}}|0\rangle - \sqrt{\frac{1}{4}}|1\rangle$$

并且使量子系统状态以 1/2 概率处于状态 $|a\rangle$,以 1/2 概率处于状态 $|b\rangle$,容易验证相应的密度矩阵也为

$$\rho = \frac{1}{2}|a\rangle\langle a| + \frac{1}{2}|b\rangle\langle b| = \frac{3}{4}|0\rangle\langle 0| + \frac{1}{4}|1\rangle\langle 1|$$

以上例题说明两个不同的量子状态系综可产生同一个密度矩阵,更一般

地,密度矩阵的特征值和特征向量仅表示可能产生密度矩阵的许多系综中的一个,没有理由表明哪个系统是特殊的。

阅读内容

在上述讨论的启发下,一个自然的问题是,什么类型的系综产生一个特定的密度矩阵?我们现在给出这个问题的解,它在量子计算与量子信息中有很多惊人的应用,特别是在理解量子噪声和量子纠错中。

为了方便给出答案,使用未归一化到单位长度的向量 $|\tilde{\psi}_i\rangle$。设集合 $|\tilde{\psi}_i\rangle$ 生成算子 $\rho \equiv \sum_i |\tilde{\psi}_i\rangle\langle\tilde{\psi}_i|$,因此,与普通的密度算子系综的关联由式 $|\tilde{\psi}_i\rangle = \sqrt{p_i}|\psi_i\rangle$ 来描述,两组向量 $|\tilde{\psi}_i\rangle$ 和 $|\tilde{\varphi}_j\rangle$ 何时生成同一算子 ρ?这个问题的答案使我们可以回答什么样的系综产生给定密度矩阵的问题。

定理2.6(密度矩阵系综中的酉自由度):当且仅当

$$|\tilde{\psi}_i\rangle = \sum_j u_{ij} |\tilde{\varphi}_j\rangle \tag{2.166}$$

两组向量 $|\tilde{\psi}_i\rangle$ 和 $|\tilde{\varphi}_j\rangle$ 生成相同的密度矩阵,其中 u_{ij} 是带指标 i 和 j 的复酉矩阵。并且我们在向量集合 $|\tilde{\psi}_i\rangle$ 和 $|\tilde{\varphi}_j\rangle$ 中向量较少的一个中补充若干0向量,以使两个集合的向量个数相等。

作为定理的一个结论,注意当且仅当

$$\sqrt{p_i}|\psi_i\rangle = \sum_j u_{ij} \sqrt{q_j}|\varphi_j\rangle \tag{2.167}$$

对某个酉矩阵 u_{ij} 成立,$\rho = \sum_i p_i |\psi_i\rangle\langle\psi_i| = \sum_j q_j |\varphi_j\rangle\langle\varphi_j|$ 对归一化状态集 $|\psi_i\rangle$ 和 $|\varphi_j\rangle$ 和概率分布 p_i 和 q_j 成立,其中我们可能要向较小的系综添加零概率的项以使得两个系综具有同样的大小。

定理2.6刻画了产生一个给定密度矩阵 ρ 的系综 $\{p_i, |\psi_i\rangle\}$ 包含的自由度。

证明:设 $|\tilde{\psi}_i\rangle = \sum_j u_{ij} |\tilde{\varphi}_j\rangle$ 对某酉矩阵 u_{ij} 成立,则

$$\sum_i |\tilde{\psi}_i\rangle\langle\tilde{\psi}_i| = \sum_{ijk} u_{ij} u_{ik}^* |\tilde{\varphi}_j\rangle\langle\tilde{\varphi}_k|$$

$$= \sum_{jk}\left(\sum_i u_{ki}^\dagger u_{ij}\right)|\tilde{\varphi}_j\rangle\langle\tilde{\varphi}_k|$$

$$= \sum_{jk}\delta_{kj}|\tilde{\varphi}_j\rangle\langle\tilde{\varphi}_k| \tag{2.171}$$

$$= \sum_j |\tilde{\varphi}_j\rangle\langle\tilde{\varphi}_j|$$

表明 $|\tilde{\psi}_i\rangle$ 和 $|\tilde{\varphi}_j\rangle$ 生成相同的算子。(注:因为 u_{ij} 是酉矩阵,所以 $\sum_i u_{ki}^\dagger u_{ij} = \delta_{kj}$)。

反过来,设

$$A = \sum_i |\tilde{\psi}_i\rangle\langle\tilde{\psi}_i| = \sum_j |\tilde{\varphi}_j\rangle\langle\tilde{\varphi}_j| \tag{2.172}$$

令 $A = \sum_k \lambda_k |k\rangle\langle k|$ 为 A 的一个分解,使状态 $|k\rangle$ 为标准正交,且 λ_k 为严格正(大于零)。我们的办法是把状态集 $|\tilde{\psi}_i\rangle$ 和状态集 $|\tilde{k}\rangle \equiv \sqrt{\lambda_k}|k\rangle$ 联系起来,并把状态集 $|\tilde{\varphi}_j\rangle$ 和状态集 $|\tilde{k}\rangle$ 类似地联系起来,结合两个关系导出结果。

令 $|\psi\rangle$ 是与由 $|\tilde{k}\rangle$ 张成的空间标准正交的任意向量,于是 $\langle\psi|\tilde{k}\rangle\langle\tilde{k}|\psi\rangle = 0$ 对所有 k 成立,则

$$0 = \langle\psi|A|\psi\rangle = \sum_i \langle\psi|\tilde{\psi}_i\rangle\langle\tilde{\psi}_i|\psi\rangle = \sum_i |\langle\psi|\tilde{\psi}_i\rangle|^2 \tag{2.173}$$

即对所有 i 和所有标准正交于 $|\tilde{k}\rangle$ 张成空间的 $|\psi\rangle$ 成立 $\langle\psi|\tilde{\psi}_i\rangle = 0$,于是每个 $|\tilde{\psi}_i\rangle$ 可以表示成 $|\tilde{k}\rangle$ 的一个线性组合,$|\tilde{\psi}_i\rangle = \sum_k c_{ik}|\tilde{k}\rangle$,又由于 $A = \sum_k |\tilde{k}\rangle\langle\tilde{k}| = \sum_i |\tilde{\psi}_i\rangle\langle\tilde{\psi}_i|$,我们看到

$$\sum_k |\tilde{k}\rangle\langle\tilde{k}| = \sum_{kl}\left(\sum_i c_{ik} c_{il}^*\right)|\tilde{k}\rangle\langle\tilde{l}| \tag{2.174}$$

易知算子组 $|\tilde{k}\rangle\langle\tilde{l}|$ 是线性无关的,因此必然成立 $\sum_i c_{ik} c_{il}^* = \delta_{kl}$,这保证了可以通过增加额外的列到 c,以得到一个酉矩阵 v,使得 $|\tilde{\psi}_i\rangle = \sum_k v_{ik}|\tilde{k}\rangle$,其中我们已经在集 $|\tilde{k}\rangle$ 中添加了零向量。类似地,可以找到酉矩阵 w,使得 $|\tilde{\varphi}_j\rangle = \sum_k w_{jk}|\tilde{k}\rangle$。因此 $|\tilde{\psi}_i\rangle = \sum_j u_{ij}|\tilde{\varphi}_j\rangle$,其中 $u = vw^\dagger$ 是酉的。

练习 2.72(混合态的 Bloch 球面) 1.2 节引入了单量子比特纯态的 Bloch 球面描述，该描述有到混合态的如下推广。

(1) 证明任意的混合态量子比特的密度矩阵可以写成

$$\rho = \frac{I + \mathbf{r} \cdot \boldsymbol{\sigma}}{2}$$

其中 $\mathbf{r}$ 是实三维向量，满足 $\|\mathbf{r}\| \leq 1$，这个向量称为 ρ 的 Bloch 向量。

(2) 求状态 $\rho = I/2$ 的 Bloch 向量表示。

(3) 证明当且仅当 $\|\mathbf{r}\| = 1$ 状态 ρ 为纯态。

(4) 证明对纯态，这里给出的 Bloch 向量的描述与 1.2 节给出的一致。

解析 1：

(1) 方法(1)：

根据题意，设混合态量子比特的密度矩阵

$$\rho = \begin{bmatrix} \alpha & \beta^* \\ \beta & 1-\alpha \end{bmatrix}$$

则：

$$2\rho - I = \begin{bmatrix} 2\alpha - 1 & 2\beta^* \\ 2\beta & 1 - 2\alpha \end{bmatrix} \quad ①$$

令：

$$\mathbf{r} = [x, y, z]^{\mathrm{T}}$$

则

$$\mathbf{r} \cdot \boldsymbol{\sigma} = x \begin{bmatrix} 0 & 1 \\ 1 & 0 \end{bmatrix} + y \begin{bmatrix} 0 & -\mathrm{i} \\ \mathrm{i} & 0 \end{bmatrix} + z \begin{bmatrix} 1 & 0 \\ 0 & -1 \end{bmatrix} = \begin{bmatrix} z & x - \mathrm{i}y \\ x + \mathrm{i}y & -z \end{bmatrix} \quad ②$$

因为

$$\rho = \frac{I + \mathbf{r} \cdot \boldsymbol{\sigma}}{2}$$

所以有 $2\rho - I = \mathbf{r} \cdot \boldsymbol{\sigma}$，则 ① = ②，即 $z = 2\alpha - 1$，$x - \mathrm{i}y = 2\beta^*$，$x + \mathrm{i}y = 2\beta$，显

然有

$$\begin{cases} x = \beta + \beta^* & \in \mathbf{R} \\ y = \mathrm{i}\beta - \mathrm{i}\beta^* & \in \mathbf{R} \\ z = 2\alpha - 1 & \in \mathbf{R} \end{cases}$$

显然 x, y 是实数,因为 α 是 Hermite 矩阵的对角元素,所以 z 也是实数。则 $r = [x, y, z]^\mathrm{T}$ 是实三维向量。

ρ 有谱分解,令:

$$\rho = \lambda_1 |v_1\rangle\langle v_1| + \lambda_2 |v_2\rangle\langle v_2|$$

其中:$\lambda_1 + \lambda_2 = 1$,又因为 ρ 半正定,因此 $\lambda_1 \geqslant 0, \lambda_2 \geqslant 0$,
则:

$$2\rho - I = (2\lambda_1 - 1)|v_1\rangle\langle v_1| + (2\lambda_2 - 1)|v_2\rangle\langle v_2|$$

根据以上的等式关系和特征值的性质,有

$$\begin{aligned} \|r\|^2 &= x^2 + y^2 + z^2 = -\det(\boldsymbol{r} \cdot \boldsymbol{\sigma}) = -\det(2\rho - I) = -(2\lambda_1 - 1)(2\lambda_2 - 1) \\ &= -4\lambda_1\lambda_2 + 2(\lambda_1 + \lambda_2) - 1 = 1 - 4\lambda_1\lambda_2 \leqslant 1 \end{aligned}$$

所以 $\|r\|^2 \leqslant 1$。

方法(2):

参考练习 2.35 的结论,参考练习 2.59、2.60、2.61 的结果,以及定理 2.5,可以如下的设定与计算结果。

设:

$$\rho = aI + bx + cy + dz。$$

因为 ρ 是密度算子,所以 $\mathrm{tr}(\rho) \leqslant 1$,令 $a = \dfrac{1}{2}$ 则(练习 2.35)

$$\rho = \frac{I}{2} + r_1 \sigma_x + r_2 \sigma_y + r_3 \sigma_z = \frac{I + \boldsymbol{r} \cdot \boldsymbol{\sigma}}{2}$$

其中 $\boldsymbol{r} = (r_1, r_2, r_3)$,$\boldsymbol{\sigma} = (\sigma_x, \sigma_y, \sigma_z)$,则

$$\rho = \frac{1}{2}\begin{bmatrix} 1+r_3 & r_1+ir_2 \\ r_1-ir_2 & 1-r_3 \end{bmatrix}$$

求特征根：

$$\rho - \lambda I = \begin{bmatrix} \frac{1+r_3}{2}-\lambda & \frac{r_1+ir_2}{2} \\ \frac{r_1-ir_2}{2} & \frac{1-r_3}{2}-\lambda \end{bmatrix} = (1-2\lambda)^2 - r_1^2 - r_2^2 - r_3^2 = 0$$

则

$$r_1^2 + r_2^2 + r_3^2 = (1-2\lambda)^2 \leqslant 1$$

所以 $\|\boldsymbol{r}\|^2 \leqslant 1$，又因为 Hermite 矩阵 $\rho = \rho^\dagger$，所以：

$$\begin{cases} \rho = aI + bx + cy + dz \\ \rho^\dagger = a^*I + b^*x + c^*y + d^*z \end{cases}$$

所以有：$a^* = a, b^* = b, c^* = c, d^* = d$，所以$(r_1, r_2, r_3)$是实向量。

解析 2：

因为 $\rho = \dfrac{I + \boldsymbol{r}\cdot\boldsymbol{\sigma}}{2}, \boldsymbol{r}\cdot\boldsymbol{\sigma} = \begin{bmatrix} r_3 & r_1+ir_2 \\ r_1-ir_2 & -r_3 \end{bmatrix}$，则

$$\rho^2 = \frac{1}{4}[I + 2\boldsymbol{r}\cdot\boldsymbol{\sigma} + (r_1 + r_2 + r_3)I]$$

纯态满足 $\mathrm{tr}(\rho) = 1$，混合态满足 $\mathrm{tr}(\rho) \leqslant 1$，所以有 $\mathrm{tr}(\rho^2) \leqslant 1$。
又因为 $\mathrm{tr}(I) = 2, \mathrm{tr}(2\boldsymbol{r}\cdot\boldsymbol{\sigma}) = 0$，则

$$\mathrm{tr}(\rho^2) = \frac{1}{4}\{\mathrm{tr}(I) + \mathrm{tr}(2\boldsymbol{r}\cdot\boldsymbol{\sigma}) + \mathrm{tr}[(r_1^2 + r_2^2 + r_3^2)I]\}$$

$$= \frac{1}{4}\left\{2 + \mathrm{tr}\begin{bmatrix} z & x-iy \\ x+iy & -z \end{bmatrix} + (r_1^2 + r_2^2 + r_3^2)\mathrm{tr}(I)\right\}$$

$$= \frac{1}{4}[2 + 0 + 2(r_1^2 + r_2^2 + r_3^2)]$$

$$= \frac{1}{2} + \frac{1}{2}(r_1^2 + r_2^2 + r_3^2)$$

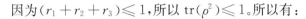

因为 $(r_1 + r_2 + r_3) \leqslant 1$，所以 $\mathrm{tr}(\rho^2) \leqslant 1$。所以有：

纯态，在 Bloch 球表面，$\|r\|^2 = 1$；

混合态，在 Bloch 球内，$\|r\|^2 \leqslant 1$；

完全混合态，在 Bloch 球中心点，$\|r\|^2 = 0$。

因为 $\begin{cases} x = \beta + \beta^* \\ y = \mathrm{i}\beta - \mathrm{i}\beta^* \\ z = 2\alpha - 1 \end{cases}$ 所以 $\rho = \dfrac{I}{2}$ 时，向量 $(r_1 + r_2 + r_3) = 0$，即 Bloch 向量表示为：

$$r = [0, 0, 0]^{\mathrm{T}}$$

解析 3：

因为 $\mathrm{tr}(\rho^2) = \dfrac{1 + r_1^2 + r_2^2 + r_3^2}{2} \leqslant 1$，且 ρ 有谱分解，令：

$$\rho = \lambda_1 |v_1\rangle\langle v_1| + \lambda_2 |v_2\rangle\langle v_2|$$

其中：$\lambda_1 + \lambda_2 = 1$，且 $\lambda_1 \geqslant 0, \lambda_2 \geqslant 0$，且有

$$\|r\|^2 = x^2 + y^2 + z^2 = -\det(r \cdot \sigma) = 1 - 4\lambda_1\lambda_2 \leqslant 1$$

纯态时 $\mathrm{tr}(\rho) = 1, \lambda_1\lambda_2 = 0$；混合态时 $\mathrm{tr}(\rho) \leqslant 1, \lambda_1\lambda_2 > 0$。

所以：ρ 为纯态 $\Leftrightarrow \lambda_1, \lambda_2$ 一个为 0，另一个为 1 $\Leftrightarrow \lambda_1\lambda_2 = 0 \Leftrightarrow \|r\|^2 = 1$。

解析 4：

令：

$$|\psi\rangle = \cos\dfrac{\theta}{2}|0\rangle + \mathrm{e}^{\mathrm{i}\varphi}\sin\dfrac{\theta}{2}|1\rangle$$

则：

$$\rho = \begin{bmatrix} \alpha & \beta^* \\ \beta & 1 - \alpha \end{bmatrix} = \begin{bmatrix} \left(\cos\dfrac{\theta}{2}\right)^2 & \mathrm{e}^{-\mathrm{i}\varphi}\sin\dfrac{\theta}{2}\cos\dfrac{\theta}{2} \\ \mathrm{e}^{\mathrm{i}\varphi}\sin\dfrac{\theta}{2}\cos\dfrac{\theta}{2} & \left(\sin\dfrac{\theta}{2}\right)^2 \end{bmatrix}$$

$$\begin{cases} x = e^{-i\varphi}\sin\frac{\theta}{2}\cos\frac{\theta}{2} + e^{-i\varphi}\sin\frac{\theta}{2}\cos\frac{\theta}{2} = \sin\theta\cos\varphi \\ y = i\left(e^{-i\varphi}\sin\frac{\theta}{2}\cos\frac{\theta}{2} - e^{i\varphi}\sin\frac{\theta}{2}\cos\frac{\theta}{2}\right) = \sin\theta\sin\varphi \\ z = \left(\cos\frac{\theta}{2}\right)^2 - \left(\sin\frac{\theta}{2}\right)^2 = \cos\theta \end{cases}$$

在 1.2 节基于 Bloch 向量的纯态描述如下：

$$\begin{cases} x = \sin\theta\cos\varphi \\ y = \sin\theta\sin\varphi \\ z = \cos\theta \end{cases}$$

两种方法给出的描述一致。

练习 2.73 令 ρ 是密度算子，ρ 的一个最小系综（minimal ensemble）指包含等于 ρ 的秩数目的系综 $\{p_i, |\psi_i\rangle\}$。Hermite 算子 A 的支集是由 A 的非零特征值的特征向量张成的向量空间。令 $|\psi\rangle$ 为 ρ 支集中的任一状态，证明存在包含 $|\psi\rangle$ 的一个 ρ 的最小系综，并且在任何这样的系综中，$|\psi\rangle$ 必然以概率

$$p_i = \frac{1}{\langle\psi_i|\rho^{-1}|\psi_i\rangle}$$

出现，其中 ρ^{-1} 定义为 ρ 的逆，而 ρ 视为仅作用在其支集上（这个定义避免了 ρ 可能不可逆的问题）。

证明：

方法(1)：

使用以下规则构建一组 $\{|\psi_i\rangle\}$ 且个数为 ρ 的秩数。

① $|\psi_1\rangle = |\psi\rangle$（注：条件给予，$|\psi\rangle$ 为 ρ 支集中的任一状态），使用 Gram-Schmidt 过程的方法求出 $|\psi_1\rangle, |\psi_2\rangle, \cdots, |\psi_n\rangle$ 后，最后再求出 $|\psi_{n+1}\rangle$ 正交于 $\rho^{-1}|\psi_1\rangle, \rho^{-1}|\psi_2\rangle, \cdots, \rho^{-1}|\psi_n\rangle$。显然这样求出的 $\{|\psi_i\rangle\}$，当 $i \neq j$ 时满足 $\langle\psi_i|\rho^{-1}|\psi_j\rangle = 0$ 的条件，再选择恰当的 $\{p_i\}$ 即可组成 ρ 的一个最小系综 $\{p_i, |\psi_i\rangle\}$，且 $|\psi_i\rangle$ 的个数与 ρ 的秩数目相同。

② 另 ρ 可以谱分解，设 $\rho = \sum_j \lambda_j |j\rangle\langle j|$ 为 ρ 的一个分解，显然 $|j\rangle$ 为标准

正交基且 $\lambda_j > 0$,则 $\{\lambda_i, |j\rangle\}$ 是 ρ 的一个系综。

根据定理 2.6,要使两个系综 $\{p_i, |\psi_i\rangle\}$ 和 $\{\lambda_j, |j\rangle\}$ 对应的两组向量 $\{|\psi_i\rangle\}$ 和 $\{|j\rangle\}$ 生成相同的密度矩阵,首先令 $|\psi_i\rangle = \sum_j a_{ij}|j\rangle$,则

$$\sqrt{p_i}|\psi_i\rangle = \sqrt{p_i}\left(\sum_j a_{ij}|j\rangle\right) = \sum_j u_{ij}|\tilde{j}\rangle = \sum_j u_{ij}\sqrt{\lambda_j}|j\rangle$$

u_{ij} 是酉矩阵的元素,于是

$$|\psi_i\rangle = \sum_j u_{ij}\sqrt{\frac{\lambda_j}{p_i}}|j\rangle$$

因为 $|\psi_i\rangle = \sum_j \langle j|\psi_i\rangle|j\rangle$,所以有

$$u_{ij}\sqrt{\frac{\lambda_j}{p_i}} = \langle j|\psi_i\rangle, \quad u_{ij} = \langle j|\psi_i\rangle\sqrt{\frac{p_i}{\lambda_j}} \qquad ①$$

又因为酉算子 U 的矩阵决定了

$$\sum_i u_{ki} u_{ji}^* = \delta_{kj} \qquad ②$$

将 ① 式代入 ② 式,得到

$$\sum_i \langle i|\psi_k\rangle\sqrt{\frac{p_k}{\lambda_i}}\langle\psi_j|i\rangle\sqrt{\frac{p_j}{\lambda_i}} = \sqrt{p_k p_j}\langle\psi_j|\left(\sum_i \frac{1}{\lambda_i}|i\rangle\langle i|\right)|\psi_k\rangle = \delta_{kj}$$

又因为 $\rho^{-1} = \sum_i \frac{1}{\lambda_i}|i\rangle\langle i|$,则:

$$\sqrt{p_k p_j}\langle\psi_j|\left(\sum_i \frac{1}{\lambda_i}|i\rangle\langle i|\right)|\psi_k\rangle = \sqrt{p_k p_j}\langle\psi_j|\rho^{-1}|\psi_k\rangle = \delta_{kj}$$

若 $k \neq j$,意味着 $\sqrt{p_k p_j}\langle\psi_j|\rho^{-1}|\psi_k\rangle = 0$,显然如此构造的 $|\psi_i\rangle$ 已满足条件。若 $k = j$,显然有 $p_i\langle\psi_i|\rho^{-1}|\psi_i\rangle = 1$,即

$$p_i = \frac{1}{\langle\psi_i|\rho^{-1}|\psi_i\rangle}$$

综上所述,$\{P_i, |\psi_i\rangle\}$ 组成了 ρ 的一个最小系综,且包含 $|\psi\rangle$。

方法2：

密度算子 ρ 可以谱分解：$\rho = \sum_i \lambda_i |i\rangle\langle i|$，$\lambda_i > 0$，则 $\rho^{-1} = \sum_i \frac{1}{\lambda_i} |i\rangle\langle i|$，显然 $\{\sqrt{\lambda_i}, |i\rangle\}$ 是 ρ 的一个最小系综（注：$\sqrt{\lambda_i}$ 的个数等于密度算子 ρ 的秩）。

又设密度算子 ρ 的一个最小系综 $\{p_i, |\psi_i\rangle\}$，令 $\{p_i = \lambda_i, |\psi_i\rangle\}$，因为有 $|\psi_i\rangle = \sum_j a_j |j\rangle$，则 $a_j = \langle j | \psi_i \rangle$，根据密度算子假设2，显然存在酉算子 U 和概率 p_i 使得 $|\psi_i\rangle$ 以概率 $\sqrt{p_i}$ 进入状态 $U|\psi_i\rangle$，于是有

$$|\tilde{\psi}_i\rangle = \sqrt{p_i} |\psi_i\rangle = \sqrt{p_i}(\sum_j a_j |j\rangle) = \sum_j u_{ij} |\tilde{j}\rangle = \sum_j u_{ij} \sqrt{\lambda_j} |j\rangle$$

则 $\sqrt{p_i} a_j = u_{ij} \sqrt{\lambda_j}$，等式两边取平方后 $|u_{ij}|^2 = p_i \frac{|a_j|^2}{\lambda_j}$，因为任意酉矩阵的每一行或每一列元素的平方和都等于1，即 $\sum_i |u_{ij}|^2 = 1$，则

$$p_i \sum_j \frac{|a_j|^2}{\lambda_j} = \sum_j |u_{ij}|^2 = 1$$

又因为 $\rho^{-1} = \sum_i \frac{1}{\lambda_i} |i\rangle\langle i|$，$\sum_j \frac{|a_j|^2}{\lambda_j} = \langle \psi_i | \rho^{-1} | \psi_i \rangle$，所以有：

$$p_i = \frac{1}{\sum_j \frac{|a_j|^2}{\lambda_j}} = \frac{1}{\langle \psi_i | \rho^{-1} | \psi_i \rangle}$$

2.4.3 约化密度算子

阅读内容

密度算子最深刻的应用也许是作为描述复合系统子系统的工具。

约化密度算子（reduced density operator）非常重要，是分析复合量子系统不可缺少的工具。

假设有物理系统 A 和 B，其状态由密度算子 ρ^{AB} 描述，针对系统 A 的约化密度算子定义为：

$$\rho^A \equiv \mathrm{tr}_B(\rho^{AB}) \tag{2.177}$$

其中，tr_B 是一个算子映射，称为在系统 B 上的偏迹。偏迹定义为

$$\text{tr}_B(|a_1\rangle\langle a_2| \otimes |b_1\rangle\langle b_2|) \equiv |a_1\rangle\langle a_2| \text{tr}(|b_1\rangle\langle b_2|) \tag{2.178}$$

其中，$|a_1\rangle$ 和 $|a_2\rangle$ 是状态空间 A 中的两个向量，$|b_1\rangle$ 和 $|b_2\rangle$ 是状态空间 B 中的两个向量。等式右边的迹运算是系统 B 上的普通迹运算，因此 $\text{tr}(|b_1\rangle\langle b_2|) = \langle b_2|b_1\rangle$。以上只是在 AB 的一类特殊算子上定义了偏迹，完成偏迹的定义，需要在式(2.178) 上附加对输入为线性的要求。

盒子 2.6 为什么取偏迹

为什么在描述较大的量子系统时要用偏迹？这样做的原因在于，偏迹在以下意义之下是唯一可以正确描述复合系统子系统内可观测量的运算。

设 M 是系统 A 上的任意可观测量，且有某个测量设备可实现 M 的测量，令 $\widetilde{M}$ 为在复合系统 AB 上同一测量的相应的可观测量。我们要论证 $\widetilde{M}$ 等价于 $M \otimes I_B$。注意若系统 AB 处于状态 $|m\rangle|\psi\rangle$，其中 $|m\rangle$ 是 M 的对应于特征值 m 的本征态，且 $|\psi\rangle$ 是 B 的任意状态，则测量设备必须以概率 1 给出结果 m。因此，如果 P_m 是可观测量 M 的 m 本征空间上的投影，则相应于 $\widetilde{M}$ 的投影为 $P_m \otimes I_B$，于是有

$$\widetilde{M} = \sum_m m P_m \otimes I_B = M \otimes I_B \tag{2.179}$$

下一步证明针对系统局部观测偏迹给出的正确测量统计量。设在系统 A 上进行观测，此测量由可观测量 M 描述。物理上的一致性要求任何把状态 ρ^A 和系统 A 联系起来的办法都应该具备如下的性质：无论是通过 ρ^A 还是通过 ρ^{AB}，都应该得到相同的测量平均值，即

$$\text{tr}(M\rho^A) = \text{tr}(\widetilde{M}\rho^{AB}) = \text{tr}[(M \otimes I_B)\rho^{AB}] \tag{2.180}$$

如果选择 $\rho^A \equiv \text{tr}_B(\rho^{AB})$，则此式肯定得到满足。事实上，偏迹是具有这条性质的唯一函数。为证明唯一性，设 $f(*)$ 是任意满足下式的、把 AB 上的密度算子映射到 A 上密度算子的函数

$$\text{tr}[Mf(\rho^{AB})] = \text{tr}[(M \otimes I_B)\rho^{AB}] \tag{2.181}$$

对所有可观测量 M 成立。设 M_i 为 Hermite 算子空间相对 Hilbert-Schmidt 内积 $(X,Y) \equiv \text{tr}(XY)$（对比练习 2.39）的标准正交基,则将 $f(\rho^{AB})$ 在此基础上展开,得到

$$f(\rho^{AB}) = \sum_i M_i \text{tr}(M_i f[\rho^{AB}]) \quad (2.182)$$

$$= \sum_i M_i \text{tr}[(M_i \otimes I_B) \rho^{AB}] \quad (2.183)$$

由此可知 $f(*)$ 由式(2.180)唯一决定,同时,偏迹满足式(2.180),故它是唯一具有此性质的函数。

系统 A 的约化密度算子是系统 A 状态的一个描述,这件事并不显然。物理上的证据是,约化密度算子为系统 A 上的测量提供了正确的测量统计,这一点在盒子 2.6 中已详细作了说明。下面的简单算例也许有助于对约化密度算子的理解。首先设量子系统处于 $\rho^{AB} = \rho \otimes \sigma$ 状态,其中 ρ 是系统 A 的一个密度算子,而 σ 是系统 B 的一个密度算子,则

$$\rho^A = \text{tr}_B(\rho \otimes \sigma) = \rho \text{tr}(\sigma) = \rho \quad (2.184)$$

（注：由定理 2.5 可知,密度算子的迹为 1）。类似地,$\rho^B = \sigma$。

Bell 态 $(|00\rangle + |11\rangle)/\sqrt{2}$ 是一个不平凡的例子,它具有密度算子

$$\rho = \left(\frac{|00\rangle + |11\rangle}{\sqrt{2}}\right)\left(\frac{\langle 00| + \langle 11|}{\sqrt{2}}\right) \quad (2.185)$$

$$= \frac{|00\rangle\langle 00| + |11\rangle\langle 00| + |00\rangle\langle 11| + |11\rangle\langle 11|}{2} \quad (2.186)$$

对第二量子比特取迹,得到第一量子比特的约化密度算子

$$\rho^1 = \text{tr}_2(\rho)$$

$$(2.187)$$

$$= \frac{\text{tr}_2(|00\rangle\langle 00|) + \text{tr}_2(|11\rangle\langle 00|) + \text{tr}_2(|00\rangle\langle 11|) + \text{tr}_2(|11\rangle\langle 11|)}{2}$$

$$(2.188)$$

$$= \frac{|0\rangle\langle 0|\langle 0|0\rangle + |1\rangle\langle 0|\langle 0|1\rangle + |0\rangle\langle 1|\langle 1|0\rangle + |1\rangle\langle 1|\langle 1|1\rangle}{2} \tag{2.189}$$

$$= \frac{|0\rangle\langle 0| + |1\rangle\langle 1|}{2} \tag{2.190}$$

$$= \frac{I}{2} \tag{2.191}$$

注意这个状态是一个混合态,因为 $\text{tr}[(I/2)^2] = 1/2 < 1$。这是一个非常引人瞩目的结果,双量子比特联合系统的状态是一个精确已知的纯态,不过,第一量子比特处于混合态,即我们不具备完全知识的一个状态。这个奇特性质,即系统的联合状态完全已知,而子系统却处于混合态,是量子纠缠现象的另一特点。

练习 2.74 设复合系统 A 和 B 处于 $|a\rangle|b\rangle$ 状态,其中 $|a\rangle$ 是系统 A 的一个纯态,而 $|b\rangle$ 是系统 B 的一个纯态,证明系统 A 的约化密度算子是一个纯态。

证明: 根据题意,复合系统 A 和 B 的密度算子 $\rho^{AB} = |a\rangle|b\rangle\langle a|\langle b|$,且纯态满足 $\text{tr}_B(\rho^2) = 1$,则系统 A 的约化密度算子为:

$$\rho^A = \text{tr}_B(\rho^{AB}) = |a\rangle\langle a|\text{tr}(|b\rangle\langle b|) = (\langle b|b\rangle)|a\rangle\langle a| = |a\rangle\langle a|$$

所以系统 A 是一个纯态。

练习 2.75 对四个 Bell 态中的每一个,求针对每个量子比特的约化密度算子。

解析: 已知四个 Bell 态为:

$$|\beta_{00}\rangle = \frac{|00\rangle + |11\rangle}{\sqrt{2}} \quad |\beta_{01}\rangle = \frac{|01\rangle + |10\rangle}{\sqrt{2}}$$

$$|\beta_{10}\rangle = \frac{|00\rangle - |11\rangle}{\sqrt{2}} \quad |\beta_{11}\rangle = \frac{|01\rangle - |10\rangle}{\sqrt{2}}$$

求 $|\beta_{01}\rangle$ 针对每个量子比特的约化密度算子。

$$\rho_{01} = \left(\frac{|01\rangle + |10\rangle}{\sqrt{2}}\right)\left(\frac{\langle 01| + \langle 10|}{\sqrt{2}}\right)$$

$$= \frac{|01\rangle\langle 01| + |10\rangle\langle 01| + |01\rangle\langle 10| + |10\rangle\langle 10|}{2}$$

$$\rho_{01}^1 = \text{tr}_2(\rho_{01})$$
$$= \frac{\text{tr}_2(|01\rangle\langle 01|) + \text{tr}_2(|10\rangle\langle 01|) + \text{tr}_2(|01\rangle\langle 10|) + \text{tr}_2(|10\rangle\langle 10|)}{2}$$
$$= \frac{|0\rangle\langle 0|\langle 1|1\rangle + |1\rangle\langle 0|\langle 0|1\rangle + |0\rangle\langle 1|\langle 1|0\rangle + |1\rangle\langle 1|\langle 0|0\rangle}{2}$$
$$= \frac{|0\rangle\langle 0| + |1\rangle\langle 1|}{2}$$
$$= \frac{I}{2}$$

$$\rho_{01}^2 = \text{tr}_1(\rho_{01})$$
$$= \frac{\text{tr}_1(|01\rangle\langle 01|) + \text{tr}_1(|10\rangle\langle 01|) + \text{tr}_1(|01\rangle\langle 10|) + \text{tr}_1(|10\rangle\langle 10|)}{2}$$
$$= \frac{\langle 0|0\rangle|1\rangle\langle 1| + \langle 1|0\rangle|0\rangle\langle 1| + \langle 0|1\rangle|1\rangle\langle 0| + \langle 1|1\rangle|0\rangle\langle 0|}{2}$$
$$= \frac{|0\rangle\langle 0| + |1\rangle\langle 1|}{2}$$
$$= \frac{I}{2}$$

同理可求出 $|\beta_{01}\rangle$ 的 $\rho_{10}^1 = \text{tr}_2(\rho_{10})$, $\rho_{10}^2 = \text{tr}_1(\rho_{10})$, $|\beta_{11}\rangle$ 的 $\rho_{11}^1 = \text{tr}_2(\rho_{11})$, $\rho_{11}^2 = \text{tr}_1(\rho_{11})$ 约化密度算子均为 $I/2$。

阅读内容

量子隐形传态和约化密度算子。

约化密度算子的一个重要应用是分析量子隐形传态。量子隐形传态是一个过程，这个过程假设 Alice 和 Bob 共享一个 EPR 对和一条经典信道，并将量子信息从 Alice 传送到 Bob。

乍看起来隐形传态好像能够超光速通信，但按照相对论，这绝对不可能发生。1.3.7 节猜测是 Alice 需要将她的测量结果发送给 Bob，这阻止了超光速的通信。约化密度算子将这一点严格化。

量子隐形传态：

我们现在就用已经学到的知识来解释一个令人惊奇而又非常有趣的现象——量子隐形传态。量子隐形传态是在发送和接受方甚至没有量子通信信道连接的情况下,移动量子状态的一项技术。

下面是量子隐形传态的工作原理。Alice 和 Bob 很久以前相遇过,但现在彼此住地相隔很远,在一起时他们产生了一个 EPR 对,分开时各自带走 EPR 对中的一个量子比特,许多年后,Bob 躲了起来。设想 Alice 有一项使命,是要向 Bob 发送一个量子比特 $|\psi\rangle$,但 Alice 并不知道该量子比特的状态,而且只能给 Bob 发送经典信息。Alice 应该接受这项使命吗?

直观上看来,Alice 的情况很糟,她不知道必须发给 Bob 的量子比特的状态 $|\psi\rangle$,而量子力学定律使她不能利用 $|\psi\rangle$ 仅有的一个拷贝去确定这个状态。更糟糕的是,即便她知道状态 $|\psi\rangle$,描述该状态也需要无穷多的经典信息,因为 $|\psi\rangle$ 取值是一个连续空间。如此看来,即便知道 $|\psi\rangle$,Alice 也要花无穷长时间向 Bob 描述这个状态,情况看来对 Alice 不妙。对 Alice 来说幸运的是,量子隐形传态提供了利用 EPR 对向 Bob 发送 $|\psi\rangle$ 的一条途径,仅仅比经典的通信多做一点点工作。

概括起来,解决步骤如下:Alice 让 $|\psi\rangle$ 和 EPR 对在她那里的一半相互作用,并测量她拥有的两个量子比特,得到四个可能的结果 00,01,10 和 11 中的一个,她把这个信息发给 Bob;根据 Alice 的经典信息,Bob 对他拥有的那一半 EPR 对进行四个操作中的一种操作,令人惊奇的是,这样做他可以恢复原始的 $|\psi\rangle$。

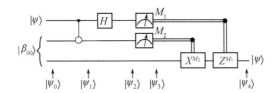

图 2.2　一个量子比特的隐形传态线路

(注:上方两根线表示 Alice 的系统,下方的线是 Bob 的系统,仪表代表测量,双线表示它们承载经典比特。)

如图 2.2 所示线路对量子隐形传态进行了更准确的描述。要进行隐形传态的状态是

$$|\psi\rangle = \alpha|0\rangle + \beta|1\rangle$$

其中 α 和 β 是未知幅度。

首先输入线路的状态是 $|\psi_0\rangle$:

$$|\psi_0\rangle = |\psi\rangle|\beta_{00}\rangle$$
$$= \frac{1}{\sqrt{2}}[\alpha|0\rangle(|00\rangle+|11\rangle)+\beta|1\rangle(|00\rangle+|11\rangle)]$$

其中约定前两个量子比特(左边)属于 Alice,而第三个量子比特属于 Bob。如前所述,Alice 的第二个量子比特和 Bob 的量子比特是从同一个 EPR 状态分别持有来的。Alice 把她的量子比特送到一个受控非门,得到:

$$|\psi_1\rangle = \frac{1}{\sqrt{2}}[\alpha|0\rangle(|00\rangle+|11\rangle)+\beta|1\rangle(|10\rangle+|01\rangle)]$$

接着 Alice 让第一个量子比特通过一个 Hadamard 门,得到:

$$|\psi_2\rangle = \frac{1}{2}[\alpha(|0\rangle+|1\rangle)(|00\rangle+|11\rangle)+\beta(|0\rangle-|1\rangle)(|10\rangle+|01\rangle)]$$

经过重新组项,这个状态可以重写为:

$$|\psi_2\rangle = \frac{1}{2}[|00\rangle(\alpha|0\rangle+\beta|1\rangle)+|01\rangle(\alpha|1\rangle+\beta|0\rangle)$$
$$+|10\rangle(\alpha|0\rangle-\beta|1\rangle)+|11\rangle(\alpha|1\rangle-\beta|0\rangle)]$$

这个表达式自然地分为四项。第一项状态 $|00\rangle$ 中含有 Alice 的量子比特,状态 $\alpha|0\rangle+\beta|1\rangle$ 包含 Bob 的量子比特,也就是最初的状态 $|\psi\rangle$。如果 Alice 进行测量并得到 $|00\rangle$,那么 Bob 的系统就处于状态 $|\psi\rangle$。类似地,从上面的表达式,我们可以在给定 Alice 测量结果的情况下,读出 Bob 测量后的状态:

$$00 \mapsto |\psi_3(00)\rangle \equiv [\alpha|0\rangle+\beta|1\rangle]$$
$$01 \mapsto |\psi_3(01)\rangle \equiv [\alpha|1\rangle+\beta|0\rangle]$$
$$10 \mapsto |\psi_3(10)\rangle \equiv [\alpha|0\rangle-\beta|1\rangle]$$
$$11 \mapsto |\psi_3(11)\rangle \equiv [\alpha|1\rangle-\beta|0\rangle]$$

依赖于 Alice 的测量结果,Bob 的量子比特将落到这四个可能状态之一。当然,要知道哪个状态,Bob 必须知道 Alice 的测量结果,正是这个事实使得量子隐形传态传送信息的速率不能超过光速。一旦 Bob 得知测量的结果,Bob 就可以调整他的状态,采用适当的量子门恢复状态 $|\psi\rangle$。例如,测量结果是 00,Bob 不需要做

什么;如果是 01,Bob 可以应用 X 门来恢复;如果是 10,Bob 可以应用 Z 门来恢复;如果是 11,Bob 可以先应用 X 门再应用 Z 门来恢复。总之,Bob 需要将变换 Z^{M_1},X^{M_2} 应用到他的量子比特上(注意,在线路图上时间从左到右,但在矩阵乘积项中满足右结合律,即右边先乘),就能得到状态 $|\psi\rangle$。

量子隐形传态有很多有趣的特性,现在对其中几个方面进行评述。首先,隐形传态功能不是使得我们传送量子状态信息的速度超过光速了吗?这一点相当奇特,因为相对论蕴涵着这样的事实,如果存在超光速的信息传递,则可以把信息发回到过去。幸运的是,量子隐形传态没有带来超光速通信,因为完成隐形传态,Alice 必须通过经典信道把她的测量结果传给 Bob。下面的叙述将可以看到,如果没有经典信道,隐形传态根本不传送任何信息。而经典信道受到光速的限制,因此量子隐形传态不能超过光速完成,这样就解决了这个佯谬。

第二个关于隐形传态的谜是:它看上去生成了要传送状态的一个备份,从而明显地违背量子状态不可克隆的定理。但这只是一个错觉,因为隐形传态过程之后,只有目标量子比特处于状态 $|\psi\rangle$,而原始的数据比特依赖于第一量子比特的测量结果,消失在 $|0\rangle$ 和 $|1\rangle$ 的基态中。

我们从量子隐形传态学到了什么?很多!它绝不仅仅是可以实施在量子状态上的优雅技巧。量子隐形传态强调量子力学不同资源之间的互换性,显示出一个共享的 EPR 对加上两个经典比特的通信系统构成一个至少等于单量子比特通信的资源。

以下通过刚刚掌握的约化密度算子理论,告诉大家隐形传态不可能实现超越光速的通信。

请回忆,在 Alice 进行测量之前,$|\psi_2\rangle$ 的三个量子比特的量子状态是:

$$|\psi_2\rangle = \frac{1}{2}[|00\rangle(\alpha|0\rangle+\beta|1\rangle) + |01\rangle(\alpha|1\rangle+\beta|0\rangle)$$
$$+ |10\rangle(\alpha|0\rangle-\beta|1\rangle) + |11\rangle(\alpha|1\rangle-\beta|0\rangle)]$$

在 Alice 的计算基下进行测量,测量后的系统状态分别以概率 1/4 取得以下四种状态:

$$|00\rangle(\alpha|0\rangle+\beta|1\rangle)$$

$$|01\rangle(\alpha|1\rangle+\beta|0\rangle)$$
$$|10\rangle(\alpha|0\rangle-\beta|1\rangle)$$
$$|11\rangle(\alpha|1\rangle-\beta|0\rangle)$$

此时系统的密度算子为:

$$\rho = \frac{1}{4}[|00\rangle\langle 00|(\alpha|0\rangle+\beta|1\rangle)(\alpha^*\langle 0|+\beta^*\langle 1|)+|01\rangle\langle 01|(\alpha|1\rangle$$
$$+\beta|0\rangle)(\alpha^*\langle 1|+\beta^*\langle 0|)+|10\rangle\langle 10|(\alpha|0\rangle-\beta|1\rangle)(\alpha^*\langle 0|-\beta^*\langle 1|)$$
$$+|11\rangle\langle 11|(\alpha|1\rangle-\beta|0\rangle)(\alpha^*\langle 1|-\beta^*\langle 0|)]$$

对 Alice 的系统取迹,可得 Bob 系统的约化密度算子为:

$$\rho^B = \frac{1}{4}[(\alpha|0\rangle+\beta|1\rangle)(\alpha^*\langle 0|+\beta^*\langle 1|)+(\alpha|1\rangle+\beta|0\rangle)(\alpha^*\langle 1|+\beta^*\langle 0|)$$
$$+(\alpha|0\rangle-\beta|1\rangle)(\alpha^*\langle 0|-\beta^*\langle 1|)+(\alpha|1\rangle-\beta|0\rangle)(\alpha^*\langle 1|-\beta^*\langle 0|)]$$
$$= \frac{2(|\alpha|^2+|\beta|^2)|0\rangle\langle 0|+2(|\alpha|^2+|\beta|^2)|1\rangle\langle 1|}{4}$$
$$= \frac{|0\rangle\langle 0|+|1\rangle\langle 1|}{2}$$
$$= \frac{I}{2}$$

其中我们在最后一行已经用了完备性。于是,在 Alice 测量完成后,而 Bob 得到测量结果以前,Bob 系统的状态是 $I/2$。注意观察这个状态不依赖于状态 $|\psi\rangle$(即要隐形传态的状态),因此,此时 Bob 若进行任何测量,其结果将都不包含 $|\psi\rangle$ 的信息,显然该结果阻止了 Alice 用隐形传态以光速向 Bob 传送信息。

2.5 Schmidt 分解和纯化

阅读内容

密度算子和偏迹仅仅是研究复合量子系统的大量有用工具中最初步的内容,这些工具对量子计算与量子信息的研究起关键作用。Schmidt 分解和纯化(purification)是另外两个很有价值的工具。

定理 2.7（Schmidt 分解）：设 $|\psi\rangle$ 是复合系统 AB 的一个纯态，则存在系统 A 的标准正交基 $|i_A\rangle$ 和系统 B 的标准正交基 $|i_B\rangle$，使得 $|\psi\rangle = \sum_i \lambda_i |i_A\rangle|i_B\rangle$，其中 λ_i 是满足 $\sum_i \lambda_i^2 = 1$ 的非负实数，称为 Schmidt 系数。

这个结果非常有用，为了解其用途，考虑下面的结论：令 $|\psi\rangle$ 是复合系统 AB 的一个纯态，则由 Schmidt 分解得 $\rho^A = \sum_i \lambda_i^2 |i_A\rangle\langle i_A|$ 和 $\rho^B = \sum_i \lambda_i^2 |i_B\rangle\langle i_B|$，于是两个密度算子 ρ^A 和 ρ^B 的特征值相同，即均为 λ_i^2。量子系统的许多重要性质完全取决于系统约化密度算子的特征值，因此对复合系统的纯态而言，两个系统的这些性质将相同。

证明：

证明系统 A 和 B 具有相同状态空间维数的情形。令 $|j\rangle$ 和 $|k\rangle$ 分别为系统 A 和 B 的固定的标准正交基，则 $|\psi\rangle$ 对于某个复数元素 a_{jk} 的矩阵 a 可写成

$$|\psi\rangle = \sum_{jk} a_{jk} |j\rangle|k\rangle$$

由奇异值分解，$a = udv$，其中 d 是非负元素对角阵，u 和 v 都是酉矩阵，于是

$$|\psi\rangle = \sum_{ijk} u_{ji} d_{ii} v_{ik} |j\rangle|k\rangle$$

定义 $|i_A\rangle \equiv \sum_j u_{ji}|j\rangle$，$|i_B\rangle \equiv \sum_k v_{ik}|k\rangle$，以及 $\lambda_i \equiv d_{ii}$，可以给出 $|\psi\rangle = \sum_i \lambda_i |i_A\rangle|i_B\rangle$。从 u 的酉性和 $|j\rangle$ 的标准正交性，容易验证 $|i_A\rangle$ 构成一个标准正交集，同理 $|i_B\rangle$ 也构成一个标准正交集。

练习 2.76 把 Schmidt 分解的证明推广到 A 和 B 具有不同的状态空间维数的情况。

解析：根据定理 2.7 的证明思路：

设 $|l\rangle$ 和 $|k\rangle$ 分别是系统 A 和 B 的确定的标准正交基，则 $|\psi\rangle$ 对某个具有复数元素 A_{lk} 的矩阵 A 可以写成：

$$|\psi\rangle = \sum_{lk} A_{lk} |l\rangle|k\rangle$$

不失一般性，设 A 为 $m\times n$ 矩阵，则 A 具有奇异值分解：$A=UdV$，其中 U 是 $m\times m$ 的酉矩阵，V 是 $n\times n$ 的酉矩阵，d 是 $m\times n$ 矩阵。且矩阵 d 当 $i\neq j$ 时有 $d_{ij}=0,d_{ii}\geqslant 0$（注：通过乘以初等行变换或初等列变换改变 U 或 V 形式即可获得此条件），因此对于矩阵 A 的任意元素均可写成相关矩阵 U,d,V 元素的乘积，则

$$A_{lk}=\sum_{i=1}^{m}\sum_{j=1}^{n}U_{li}\,d_{ij}\,V_{jk}$$

注：采用矩阵乘法表现 A_{lk} 的分解更加直观。A 的奇异值分解：$A=UdV$，其中 $U\equiv[u_{li}]_{m\times m},V\equiv[v_{jk}]_{n\times n},d\equiv[d_{ij}]_{m\times n}$。记 $d_{m\times n}\equiv[\sigma\ \ 0]$，其中 σ 是 $m\times m$ 矩阵，记 $V\equiv\begin{bmatrix}v_1\\v_2\end{bmatrix}$，其中 v_1 是 $m\times n$ 矩阵，则

$$A=U_{m\times m}[\sigma\ \ 0]_{m\times n}\begin{bmatrix}v_1\\v_2\end{bmatrix}_{n\times n}=U\sigma v_1$$

所以

$$A_{lk}=\sum_{i=1}^{m}\sum_{j=1}^{n}u_{li}\,\sigma_{ij}\,v_{jk}^{1}=\sum_{i=1}^{m}u_{li}\,d_{ii}\,v_{ik}^{1}$$

又因为当 $i\neq j$ 时 $d_{ij}=0$，所以当 $m<n$ 时有：（注意下标变化）

$$A_{lk}=\sum_{i=1}^{m}U_{li}\,d_{ii}\,V_{ik}$$

或者当 $n<m$ 时有：（注意下标变化）

$$A_{lk}=\sum_{j=1}^{n}U_{lj}\,d_{jj}\,V_{jk}$$

对于第一种情况：

$$|\psi\rangle=\sum_{lk}A_{lk}|l\rangle|k\rangle$$

$$=\sum_{l=1}^{m}\sum_{k=1}^{n}\sum_{i=1}^{m}U_{li}\,d_{ii}\,V_{ik}|l\rangle|k\rangle$$

$$=\sum_{i=1}^{m}d_{ii}\sum_{l=1}^{m}U_{li}|l\rangle\sum_{k=1}^{n}V_{ik}|k\rangle$$

令：

$$\sum_{l=1}^{m} U_{li}|l\rangle = |i_A\rangle, \sum_{k=1}^{n} V_{ik}|k\rangle = |i_B\rangle$$

显然 $|i_A\rangle$ 仍然是标准正交基(因为 U 是酉的),同样 $|i_B\rangle$ 也仍然是标准正交基(因为 V 是酉的)。

练习 2.77 设 ABC 是一个三元量子系统,举例说明存在量子状态 $|\psi\rangle$,不能写成形式

$$|\psi\rangle = \sum_i \lambda_i |i_A\rangle |i_B\rangle |i_C\rangle$$

其中 λ_i 是实数,且 $|i_A\rangle, |i_B\rangle, |i_C\rangle$ 分别是分系统的标准正交基。

举例 1: W 态:

$$W \equiv \frac{1}{\sqrt{3}}[|100\rangle + |010\rangle + |001\rangle]$$

该例题不能写成 $|\psi\rangle = \sum_i \lambda_i |i_A\rangle |i_B\rangle |i_C\rangle$ 的形式,因为要求 $|i_A\rangle$ 要正交,但 W 的 $|i_A\rangle = \{|1\rangle, |0\rangle, |0\rangle\}$ 不满足正交条件,因为

$$\rho = \frac{1}{3}[(|000\rangle + |010\rangle + |001\rangle)(\langle 000| + \langle 010| + \langle 001|)]$$

$$\rho^A = \text{tr}_B(\rho^{AB}) = \frac{\text{tr}_B(|100\rangle\langle 100|) + \text{tr}_B(|010\rangle\langle 100|) + \text{tr}_B(|001\rangle\langle 100|)}{3}$$

$$+ \frac{\text{tr}_B(|100\rangle\langle 010|) + \text{tr}_B(|010\rangle\langle 010|) + \text{tr}_B(|001\rangle\langle 010|)}{3}$$

$$+ \frac{\text{tr}_B(|100\rangle\langle 001|) + \text{tr}_B(|010\rangle\langle 001|) + \text{tr}_B(|001\rangle\langle 001|)}{3}$$

$$= \frac{|1\rangle\langle 1|\langle 00|00\rangle + |0\rangle\langle 1|\langle 10|00\rangle + |0\rangle\langle 1|\langle 01|00\rangle}{3}$$

$$+ \frac{|1\rangle\langle 0|\langle 00|10\rangle + |0\rangle\langle 0|\langle 10|10\rangle + |0\rangle\langle 0|\langle 01|10\rangle}{3}$$

$$+ \frac{|0\rangle\langle 1|\langle 01|00\rangle + |0\rangle\langle 0|\langle 10|01\rangle + |0\rangle\langle 0|\langle 01|01\rangle}{3}$$

$$= \frac{1}{3}|1\rangle\langle 1| + \frac{2}{3}|0\rangle\langle 0|$$

举例 2:

$$W \equiv \frac{1}{\sqrt{2}}[|000\rangle + |1\rangle|\psi^+\rangle] = \frac{1}{\sqrt{2}}|000\rangle + \frac{1}{2}|101\rangle \frac{1}{2}|110\rangle$$

同理:

$$\rho^A = \frac{1}{2}|0\rangle\langle 0| + \frac{1}{2}|1\rangle\langle 1|$$

$$\rho^B = \frac{3}{4}|0\rangle\langle 0| + \frac{1}{4}|1\rangle\langle 1|$$

因为 ρ^A 和 ρ^B 不相同,所以以上结论不成立。

阅读内容

基 $|i_A\rangle$ 和 $|i_B\rangle$ 分别称为 A 和 B 的 Schmidt 基,且非零 λ_i 的个数称为状态 $|\psi\rangle$ 的 Schmidt 数。Schmidt 数是复合量子系统的重要属性,在某种意义上是量化系统 A 和 B 之间纠缠的"量"。为了解这个概念,考虑下面明显而重要的性质: Schmidt 数在系统 A 或 B 的单独酉变换下保持不变。为了看清这一点,注意如果 $\sum_i \lambda_i |i_A\rangle|i_B\rangle$ 是对 $|\psi\rangle$ 的 Schmidt 分解,则 $\sum_i \lambda_i (U|i_A\rangle)|i_B\rangle$ 是 $U|\psi_A\rangle$ 的 Schmidt 分解,其中 U 是只作用在系统 A 上的酉算子。这种代数不变性使 Schmidt 数成为非常有用的工具。

> **练习 2.78** 证明当且仅当复合系统 AB 的 Schmidt 数是 1,它的状态 $|\psi\rangle$ 是积状态,证明当且仅当 ρ^A(并且 ρ^B)是纯态,$|\psi\rangle$ 是一个积状态。

证明:

方法 1:复合系统 AB 的积状态是指 $\rho = \rho^A \otimes \rho^B$。

设复合系统 AB 的状态 $|\psi\rangle$ 具有 Schmidt 分解:$|\psi\rangle = \sum_i \lambda_i |i_A\rangle|i_B\rangle$,

则:

$$|\psi\rangle\langle\psi| = \sum_i \lambda_i |i_A\rangle|i_B\rangle \sum_j \lambda_j \langle j_A|\langle j_B| = \sum_{ij} \lambda_i \lambda_j |i_A\rangle\langle j_A| \otimes |i_B\rangle\langle j_B|$$

则由 Schmidt 分解:

$$\rho^A = \sum_i \lambda_i^2 |i_A\rangle\langle i_A|$$

$$\rho^B = \sum_i \lambda_i^2 |i_B\rangle\langle i_B|$$

$$\rho^A \otimes \rho^B = \sum_{ij} \lambda_i^2 \lambda_j^2 |i_A\rangle\langle j_A| \otimes |i_B\rangle\langle j_B|$$

比较 $|\psi\rangle\langle\psi|$ 和 $\rho^A \otimes \rho^B$ 两式,只有 $i=j$ 时 $|\psi\rangle\langle\psi| = \rho^A \otimes \rho^B$ 成立。所以

$$|\psi\rangle\langle\psi| = \sum_i \lambda_i^2 |i_A\rangle|i_B\rangle\langle i_A|\langle i_B| = \sum_i \lambda_i^2 |i_A\rangle\langle i_A| \otimes |i_B\rangle\langle i_B|$$

$$\rho^A \otimes \rho^B = \sum_{ij} \lambda_i^4 |i_A\rangle\langle i_A| \otimes |i_B\rangle\langle i_B|$$

则 $\lambda_i^4 = \lambda_i^2$,所以 $\lambda_i = 1$。所以有 $|\psi\rangle = |i_A\rangle|i_B\rangle$,$\rho^A = |i_A\rangle\langle i_A|$,$\rho^B = |i_B\rangle\langle i_B|$。即复合系统 AB 的 Schmidt 数是 1,当且仅当 ρ^A(并且 ρ^B)是纯态,$|\psi\rangle$ 是一个积状态。

方法 2:因为

$$|\psi\rangle\langle\psi| = \sum_i \lambda_i |i_A\rangle|i_B\rangle \sum_j \lambda_j \langle j_A|\langle j_B| = \sum_{ij} \lambda_i \lambda_j |i_A\rangle\langle j_A| \otimes |i_B\rangle\langle j_B|$$

显然由张量积的性质 $\lambda_i \lambda_j |i_A\rangle\langle j_A|$ 只能有一种可能的值,即 λ_i 只能有一个非零值,即 $\lambda_i = 1$。所以 $|\psi\rangle$ 是积状态当且仅当 Schmidt 数为 1。

此时 $\rho = |i_A\rangle\langle i_A| \otimes |i_B\rangle\langle i_B|$,即 $\rho^A = |i_A\rangle\langle i_A|$,$\rho^B = |i_B\rangle\langle i_B|$,所以 $|\psi\rangle$ 是积状态当且仅当 ρ^A 和 ρ^B 是纯态。

阅读内容

与量子计算与量子信息有关的另一技术是纯化技术。给定量子系统 A 的状态 ρ^A,我们可以引入另一个系统,记作 R,并为联合系统 AR 定义纯态 $|AR\rangle$,使得 $\rho^A = \mathrm{tr}_R(|AR\rangle\langle AR|)$,也就是说,当我们只看系统 A 时,纯态 $|AR\rangle$ 退化为 ρ^A,这是一个纯粹的数学过程,称为纯化,这使我们把纯态和混合态联系起来。为此我们称 R 为参考系统:它是一个假想的系统,没有直接的物理意义。

为证明纯化可以对任意状态进行,我们来说明如何为 ρ^A 构造系统 R 和纯化 $|AR\rangle$。设 ρ^A 有标准正交分解 $\rho^A = \sum_i p_i |i^A\rangle\langle i^A|$,我们为对 ρ^A 进行纯化而引入系统 R,它与 A 具有相同的状态空间,有标准正交基 $|i^R\rangle$,为复合系统定义纯态

$$|AR\rangle \equiv \sum_i \sqrt{p_i} |i^A\rangle|i^R\rangle \tag{2.207}$$

现在计算系统 A 对应于状态 $|AR\rangle$ 的约化密度算子：

$$\mathrm{tr}_B(|AR\rangle\langle AR|) = \sum_{ij} \sqrt{p_i p_j}\, |i^A\rangle\langle j^A|\, \mathrm{tr}(|i^R\rangle\langle j^R|)$$

$$= \sum_{ij} \sqrt{p_i p_j}\, |i^A\rangle\langle j^A|\, \delta_{ij}$$

$$= \sum_{i} p_i |i^A\rangle\langle i^A|$$

$$= \rho^A$$

于是 $|AR\rangle$ 是 ρ^A 的纯化。

注意 Schmidt 分解和纯化有密切的关系：用于纯化一个系统 A 混合态的过程就是定义一个纯态，该纯态相对系统 A 的 Schmidt 基恰好将混合态对角化，并且 Schmidt 系数是被纯化的密度算子的特征值的平方根。

练习 2.79 考虑由双量子比特组成的复合量子系统，求下面状态的 Schmidt 分解

$$\frac{|00\rangle+|11\rangle}{\sqrt{2}},\ \frac{|00\rangle+|01\rangle+|10\rangle+|11\rangle}{2},\ \frac{|00\rangle+|01\rangle+|10\rangle}{\sqrt{3}}$$

解析：

1. $\dfrac{|00\rangle+|11\rangle}{\sqrt{2}}$ 已经是 Schmidt 分解。

2. 因为 $|+\rangle=(|0\rangle+|1\rangle)/\sqrt{2}$，则 $\dfrac{|00\rangle+|01\rangle+|10\rangle+|11\rangle}{2}$ 的 Schmidt 分解为：

$$\frac{|00\rangle+|01\rangle+|10\rangle+|11\rangle}{2} = \frac{|0\rangle(|0\rangle+|1\rangle)+|1\rangle(|0\rangle+|1\rangle)}{2}$$

$$\frac{|0\rangle}{\sqrt{2}}\left(\frac{|0\rangle+|1\rangle}{\sqrt{2}}\right)+\frac{|1\rangle}{\sqrt{2}}\left(\frac{|0\rangle+|1\rangle}{\sqrt{2}}\right) = \frac{|0\rangle}{\sqrt{2}}|+\rangle+\frac{|1\rangle}{\sqrt{2}}|+\rangle$$

$$= |+\rangle\left(\frac{|0\rangle+|1\rangle}{\sqrt{2}}\right)$$

$$= |+\rangle|+\rangle$$

3. $\dfrac{|00\rangle + |01\rangle + |10\rangle}{\sqrt{3}}$

令：

$|\psi\rangle_{AB} = \dfrac{|00\rangle + |01\rangle + |10\rangle}{\sqrt{3}}$

$\rho^{AB} = |\psi\rangle\langle\psi| = \dfrac{(|00\rangle + |01\rangle + |10\rangle)(\langle 00| + \langle 01| + \langle 10|)}{3}$

$= \dfrac{(|00\rangle\langle 00| + |01\rangle\langle 00| + |10\rangle\langle 00| + |00\rangle\langle 01| + |01\rangle\langle 01| + |10\rangle\langle 01| + |00\rangle\langle 10| + |01\rangle\langle 10| + |10\rangle\langle 10|)}{3}$

则：

$\rho^A = \mathrm{tr}_B(\rho^{AB})$

$= \dfrac{\mathrm{tr}_B(|00\rangle\langle 00| + |01\rangle\langle 00| + |10\rangle\langle 00| + |00\rangle\langle 01| + |01\rangle\langle 01| + |10\rangle\langle 01| + |00\rangle\langle 10| + |01\rangle\langle 10| + |10\rangle\langle 10|)}{3}$

$= \dfrac{|0\rangle\langle 0|\langle 0|0\rangle + |0\rangle\langle 0|\langle 1|0\rangle + |1\rangle\langle 0|\langle 0|0\rangle}{3}$

$+ \dfrac{|0\rangle\langle 0|\langle 0|1\rangle + |0\rangle\langle 0|\langle 1|1\rangle + |1\rangle\langle 0|\langle 0|1\rangle}{3}$

$+ \dfrac{|0\rangle\langle 1|\langle 0|0\rangle + |0\rangle\langle 1|\langle 1|0\rangle + |1\rangle\langle 1|\langle 0|0\rangle}{3}$

$= \dfrac{1}{3}(|0\rangle\langle 0| + |1\rangle\langle 0| + |0\rangle\langle 0| + |0\rangle\langle 1| + |1\rangle\langle 1|)$

$= \dfrac{1}{3}\begin{bmatrix} 2 & 1 \\ 1 & 1 \end{bmatrix}$

则：ρ^A 的特征值：

$$\lambda_1^A = \dfrac{3+\sqrt{5}}{6}, \qquad \lambda_2^A = \dfrac{3-\sqrt{5}}{6}$$

ρ^A 的特征向量：

$$|v_1^A\rangle = \sqrt{\dfrac{2}{5+\sqrt{5}}}\begin{bmatrix} (\sqrt{5}+1)/2 \\ 1 \end{bmatrix}, |v_2^A\rangle = \sqrt{\dfrac{2}{5-\sqrt{5}}}\begin{bmatrix} (-\sqrt{5}+1)/2 \\ 1 \end{bmatrix}$$

所以

$$\rho^A = \lambda_1^A |v_1^A\rangle\langle v_1^A| + \lambda_2^A |v_2^A\rangle\langle v_2^A|$$

因为

$$|\psi\rangle_{AB} = \sqrt{\lambda_1^A}|v_1^A\rangle|v_1^B\rangle + \sqrt{\lambda_2^A}|v_2^A\rangle|v_2^B\rangle$$

所以 ρ^A 与 ρ^B 有相同的 Schmidt 分解。

练习 2.80 设 $|\psi\rangle$ 和 $|\varphi\rangle$ 是 A 和 B 组成的复合量子系统的两个纯态，它们具有相同的 Schmidt 系数，证明存在系统 A 上的酉变换 U 和系统 B 上的酉变换 V，使得 $|\psi\rangle = (U \otimes V)|\varphi\rangle$。

证明： 由于 $|\psi\rangle$ 和 $|\varphi\rangle$ 是 A 和 B 组成的复合量子系统的两个纯态，则 $|\psi\rangle$ 和 $|\varphi\rangle$ 就具有相同的 Schmidt 分解。设：

$$|\psi\rangle = \sum_i^m \lambda_i |u_i^A\rangle|u_i^B\rangle, |\varphi\rangle = \sum_i^m \lambda_i |v_i^A\rangle|v_i^B\rangle$$

则令

$$U = \sum_i^m |u_i^A\rangle\langle v_i^A|, V = \sum_i^m |u_i^B\rangle\langle v_i^B|$$

则

$$(U \otimes V)|\varphi\rangle = \left(\sum_i^m |u_i^A\rangle\langle v_i^A| \otimes \sum_i^m |u_i^B\rangle\langle v_i^B|\right)\left(\sum_i^m \lambda_i |v_i^A\rangle \otimes |v_i^B\rangle\right)$$

$$= \sum_i^m \lambda_i \left\{\left[\left(\sum_i^m |u_i^A\rangle\langle v_i^A|\right)|v_i^A\rangle\right] \otimes \left[\left(\sum_i^m |u_i^B\rangle\langle v_i^B|\right)|v_i^B\rangle\right]\right\}$$

$$= \sum_i^m \lambda_i |u_i^A\rangle|u_i^B\rangle = |\psi\rangle$$

注：如果问题是：设 $|\psi\rangle$ 和 $|\varphi\rangle$ 是 A 和 B 组成的复合量子系统的两个纯态，它们具有相同的 Schmidt 数，则此题不一定有解。反证法，假设此时仍然存在系统 A 上的酉变换 U 和系统 B 上的酉变换 V，使得命题成立，则对于 $|\psi\rangle$ 而言系统 A 上的密度算子为 $\rho^A = \text{tr}_B |\psi\rangle\langle\psi|$，对于 $|\varphi\rangle$ 而言系统 A 上的密度算子为

$$\rho^{A'} = \text{tr}_B |\varphi\rangle\langle\varphi| = \text{tr}_B[(U \otimes V)|\psi\rangle\langle\psi|(U \otimes V)^\dagger] = U\rho^A U^\dagger$$

显然 ρ^A 与 $\rho^{A'}$ 具有相同的特征值，因为

$$|\rho^{A'}-\lambda I|=|U\rho^A U^\dagger-\lambda I|=|U\rho^A U^\dagger-\lambda UU^\dagger|=|U||\rho^A-\lambda I||U^\dagger|=|\rho^A-\lambda I|$$

所以只有当 Schmidt 系数相同时才会有满足上面条件的 U 和 V。

练习 2.81(纯化中的自由度) 令 $|AR_1\rangle$ 和 $|AR_2\rangle$ 是状态 ρ^A 到复合系统 AR 的两个纯化，证明存在一个作用在系统 R 上的酉变换 U_R，使得 $|AR_1\rangle=(I_A\otimes U_R)|AR_2\rangle$。

解析：

任意量子态 $|A\rangle$，为 ρ^A 构造系统 R 和纯化 $|AR\rangle$，其复合系统定义的纯态具有相同的形式：

$$|AR\rangle\equiv\sum_i\sqrt{p_i}|i^A\rangle|i^R\rangle$$

且 $\sqrt{p_i}$ 相等。则：

$$|AR_1\rangle\equiv\sum_i\sqrt{p_i}|i^A\rangle|i^{R_1}\rangle$$
$$|AR_2\rangle\equiv\sum_i\sqrt{p_i}|i^A\rangle|i^{R_2}\rangle$$

令：

$$U_R=\sum_i|i^{R_1}\rangle\langle i^{R_2}|$$

所以有：

$$(I_A\otimes U_R)|AR_2\rangle=|AR_1\rangle$$

练习 2.82 设 $\{p_i,|\psi_i\rangle\}$ 是量子系统 A 产生密度矩阵 $\rho=\sum_i p_i|\psi_i\rangle\langle\psi_i|$ 的一个状态系综，引入一个具有标准正交基 $|i\rangle$ 的系统 R，

(1) 证明 $\sum_i\sqrt{p_i}|\psi_i\rangle|i\rangle$ 是 ρ 一个纯化。

(2) 设我们在基 $|i\rangle$ 中测量 R，得到输出 i，求获得 i 的概率和相应的系统 A 状态。

(3) 令 $|AR\rangle$ 是 ρ 到系统 AR 的任意一个纯化，证明存在 R 的标准正交基 $|i\rangle$，使得测量后，系统 A 的相应测量后状态为 $|\psi_i\rangle$，其概率为 p_i。

解析:

(1) 证明:状态 $|AR\rangle = \sum_i \sqrt{p_i}|\psi_i\rangle|i\rangle$,则:

$$\text{tr}_R(|AR\rangle\langle AR|) = \text{tr}_R\left[\left(\sum_i \sqrt{p_i}|\psi_i\rangle|i\rangle\right)\left(\sum_j \sqrt{p_j}\langle\psi_j|\langle j|\right)\right]$$

$$= \text{tr}_R\left(\sum_{ij}\sqrt{p_i p_j}|\psi_i\rangle\langle\psi_j|\otimes|i\rangle\langle j|\right)$$

$$= \sum_{ij}\sqrt{p_i p_j}|\psi_i\rangle\langle\psi_j|\text{tr}(|i\rangle\langle j|)$$

$$= \sum_{ij}\sqrt{p_i p_j}|\psi_i\rangle\langle\psi_j|\delta_{ij}$$

$$= \sum_i p_i|\psi_i\rangle\langle\psi_i|$$

$$= \rho^A$$

所以状态 $\sum_i \sqrt{p_i}|\psi_i\rangle|i\rangle$ 是 ρ 一个纯化。

(2) 设有投影算子

$$P_i = I_A \otimes |i\rangle\langle i|$$

在基 $|i\rangle$ 中测量 R,得到输出 i 的概率:

$$p(i) = \langle AR|P_i|AR\rangle = \left(\sum_k \sqrt{p_k}\langle\psi_k|\langle k|\right)(I_A\otimes|i\rangle\langle i|)\left(\sum_l \sqrt{p_l}|\psi_l\rangle|l\rangle\right)$$

$$= \sum_{kl}\sqrt{p_k p_l}\langle\psi_k|I_A|\psi_l\rangle\otimes\langle k|i\rangle\langle i|l\rangle$$

$$\xRightarrow{\text{只有在}k,l\text{都取}i\text{时}} = \sum_i \sqrt{p_i p_i}\langle\psi_i|I_A|\psi_i\rangle\otimes\langle i|i\rangle\langle i|i\rangle = p_i$$

测量后系统的状态:

$$|AR'\rangle = \frac{P_i|AR\rangle}{\sqrt{p(i)}}$$

$$= \frac{(I_A\otimes|i\rangle\langle i|)\sqrt{p_i}|\psi_i\rangle|i\rangle}{\sqrt{p_i}}$$

$$= \frac{\sqrt{p_i}(I_A|\psi_i\rangle\otimes|i\rangle\langle i|i\rangle)}{\sqrt{p_i}}$$

$$= |\psi_i\rangle|i\rangle$$

则测量后系统 A 状态为 $|\psi_i\rangle$。

(3)
$$|AR\rangle = (I_A \otimes U_R)\sum_i \sqrt{p_i}|\psi_i\rangle|i\rangle$$

令：$U_R|i\rangle = |k_i\rangle$，则

$$|AR\rangle = \sum_i \sqrt{p_i}|\psi_i\rangle|k_i\rangle$$

根据(2)的结论，$|AR\rangle$ 测量后 A 以 p_i 概率为 $|\psi_i\rangle$，而练习 2.81 的结果说明这种 U_R 是存在的。即系统 A 的相应测量后状态为 $|\psi_i\rangle$，其概率为 p_i。

2.6 EPR 和 Bell 不等式

阅读内容

盒子 2.7　EPR 实验中的反关联

制备双量子比特状态

$$|\psi\rangle = \frac{|01\rangle + |10\rangle}{\sqrt{2}}$$

由于历史原因，该状态称为自旋单态(spin singlet)，不难看出，这个状态是双量子比特系统的纠缠态。设我们沿 v 轴在双量子比特上测量自旋，即在每个量子比特上测量可观测量 $\boldsymbol{v}\cdot\boldsymbol{\sigma}$（定义 $\boldsymbol{v}\cdot\boldsymbol{\sigma} \equiv v_1\sigma_x + v_2\sigma_y + v_3\sigma_z$），对每个量子比特得到 +1 或 -1。实际上，无论如何选择 v，两个测量的结果总是相反的。也就是说，如果第一量子比特的测量结果是 +1，则第二量子比特的测量结果就是 -1，反之亦然。无论第一个量子比特是如何被测量的，第二量子比特好像始终知道第一量子比特的测量结果似的。为证明这个论述，设 $|a\rangle$ 和 $|b\rangle$ 是 $\boldsymbol{v}\cdot\boldsymbol{\sigma}$ 的本征态，则存在复数 $\alpha, \beta, \gamma, \delta$，使得

$$|0\rangle = \alpha|a\rangle + \beta|b\rangle$$
$$|1\rangle = \gamma|a\rangle + \delta|b\rangle$$

代入得到

$$\frac{|01\rangle - |10\rangle}{\sqrt{2}} = (\alpha\delta - \beta\gamma)\frac{|ab\rangle - |ba\rangle}{\sqrt{2}}$$

但 $\alpha\delta - \beta\gamma$ 是酉矩阵 $\begin{bmatrix} \alpha & \beta \\ \gamma & \delta \end{bmatrix}$ 的行列式，故对某个实数 θ，它等于相位因子 $e^{i\theta}$。于是除了一个不可观测的全局相位因子，有

$$\frac{|01\rangle - |10\rangle}{\sqrt{2}} = \frac{|ab\rangle - |ba\rangle}{\sqrt{2}}$$

结果是，若测量 $v\cdot\sigma$ 在两个量子比特上进行，则第一量子比特上得到结果 $+1(-1)$，就蕴含着第二量子比特上得到的结果 $-1(+1)$。

本章的重点在于引入量子力学的工具和数学。量子力学与经典世界之间的差别到底在哪里？弄清这个区别对学习如何进行经典物理学难以或不可能完成的信息处理任务至关重要。

Bell 不等式是反映量子物理与经典物理学本质差别的一个引人注目的例子。

按照量子力学的思维：未被观察的粒子不具有独立于测量的性质，相反，物理性质是作为在系统上进行的测量结果出现的（微观物质的性质来源于测量，即性质与观察同时存在，没有测量就没有性质）。许多物理学家拒绝接受这种对自然的新观点，最著名的反对者是爱因斯坦(Einstein)，Einstein 在与 Boris Podolsky 和 Nathan Rosen 合著的著名的 EPR 论文中提出一个想象的实验，他认为该实验说明了量子力学并非是关于自然的完整理论。

EPR 论文主要讨论了爱因斯坦等人所称的实在的元素(element of reality)，且认为这样的实在元素必须在任何完整的物理学理论中得到表示。论文通过指证这样的实在元素没有被包含在量子力学中的事实，来证明量子力学不是完整的物理学理论，即量子力学缺乏某些本质性的实在元素。因此爱因斯坦等人希望强行回到经典世界，因为在那里，系统可以独立于系统上进行的测量而存在。但在 EPR 论文发表近 30 年后，人们提出了一项可以测试 EPR 的实验，实验结果否定了 EPR 的论述，而与量子力学相吻合。

称为 Bell 不等式的结果是这项检验性实验的关键。Bell 不等式不是关于量

子力学的结果,为了得到 Bell 不等式,我们构建一个想象的实验,并通过实验的方式询问自然,让自然在我们对世界如何运行的直观感觉与量子力学之间做出选择。

图 2.3 给出了 Bell 不等式实验的安排:Alice 可以选择测量 Q 和 R,而 Bob 可以选择测量 S 和 T。他们同时进行测量。假定 Alice 和 Bob 相距足够远,他们进行的测量不至于相互影响。

图 2-3　Bell 不等式实验的安排

对 $QS+RS+RT-QT$ 简单的代数计算得到:$QS+RS+RT-QT=\pm 2$。随机选择测量的数学期望是:$E(QS)+E(RS)+E(RT)-E(QT)\leqslant 2$。

重复多次实验,Alice 和 Bob 可以确定 Bell 不等式中左边的每一项,并且验证在真实的实验中,该不等式是否成立。

这时候,我们再引入一些量子力学。想象我们进行如下的量子力学实验,Charlie 制备一个双量子比特的状态

$$|\psi\rangle = \frac{|01\rangle - |10\rangle}{\sqrt{2}}$$

他把第一量子比特传给 Alice,第二量子比特传给 Bob。他们进行如下观测算子测量

$$Q = Z_1,\ S = \frac{-Z_2 - X_2}{\sqrt{2}}$$

$$R = X_1,\ T = \frac{Z_2 - X_2}{\sqrt{2}}$$

简单计算可给出这些观测算子的平均值,写成量子力学〈*〉形式是

$$\langle QS \rangle = \frac{1}{\sqrt{2}},\ \langle RS \rangle = \frac{1}{\sqrt{2}},\ \langle RT \rangle = \frac{1}{\sqrt{2}},\ \langle QT \rangle = -\frac{1}{\sqrt{2}}$$

于是

$$\langle QS\rangle+\langle RS\rangle+\langle RT\rangle-\langle QT\rangle=2\sqrt{2}$$

注：

$\langle QS\rangle+\langle RS\rangle+\langle RT\rangle-\langle QT\rangle=2\sqrt{2}$ 的具体计算细节：

$$|\psi\rangle=\frac{|01\rangle-|10\rangle}{\sqrt{2}}=\frac{1}{\sqrt{2}}\begin{bmatrix}0\\1\\-1\\0\end{bmatrix}$$

$$\langle\psi|=\frac{|01\rangle-|10\rangle}{\sqrt{2}}=\frac{1}{\sqrt{2}}\begin{bmatrix}0 & 1 & -1 & 0\end{bmatrix}$$

① 计算测量算子 Q 与 S 的张量积 QS，再计算 QS 的数学期望值 $\langle QS\rangle$

$$Q\otimes S=Z_1\otimes\frac{-Z_2-X_2}{\sqrt{2}}=\frac{1}{\sqrt{2}}\begin{bmatrix}1 & 0\\0 & -1\end{bmatrix}\otimes\begin{bmatrix}-1 & -1\\-1 & 1\end{bmatrix}=\frac{1}{\sqrt{2}}\begin{bmatrix}-1 & -1 & 0 & 0\\-1 & 1 & 0 & 0\\0 & 0 & 1 & 1\\0 & 0 & 1 & -1\end{bmatrix}$$

$$\langle QS\rangle=\langle\psi|QS|\psi\rangle=\frac{1}{\sqrt{2}}\begin{bmatrix}0 & 1 & -1 & 0\end{bmatrix}\frac{1}{\sqrt{2}}\begin{bmatrix}-1 & -1 & 0 & 0\\-1 & 1 & 0 & 0\\0 & 0 & 1 & 1\\0 & 0 & 1 & -1\end{bmatrix}\frac{1}{\sqrt{2}}\begin{bmatrix}0\\1\\-1\\0\end{bmatrix}$$

$$=\frac{1}{2\sqrt{2}}\begin{bmatrix}-1 & 1 & -1 & -1\end{bmatrix}\begin{bmatrix}0\\1\\-1\\0\end{bmatrix}=\frac{1}{\sqrt{2}}$$

② 计算测量算子 R 与 S 的张量积 RS，再计算 RS 的数学期望值 $\langle RS\rangle$

$$R\otimes S=X_1\otimes\frac{-Z_2-X_2}{\sqrt{2}}=\frac{1}{\sqrt{2}}\begin{bmatrix}0 & 1\\1 & 0\end{bmatrix}\otimes\begin{bmatrix}-1 & -1\\-1 & 1\end{bmatrix}=\frac{1}{\sqrt{2}}\begin{bmatrix}0 & 0 & -1 & -1\\0 & 0 & -1 & 1\\-1 & -1 & 0 & 0\\-1 & 1 & 0 & 0\end{bmatrix}$$

$$\langle RS \rangle = \langle \psi | RS | \psi \rangle = \frac{1}{\sqrt{2}}[0 \quad 1 \quad -1 \quad 0]\frac{1}{\sqrt{2}}\begin{bmatrix} 0 & 0 & -1 & -1 \\ 0 & 0 & -1 & 1 \\ -1 & -1 & 0 & 0 \\ -1 & 1 & 0 & 0 \end{bmatrix}\frac{1}{\sqrt{2}}\begin{bmatrix} 0 \\ 1 \\ -1 \\ 0 \end{bmatrix}$$

$$= \frac{1}{2\sqrt{2}}[1 \quad 1 \quad -1 \quad 1]\begin{bmatrix} 0 \\ 1 \\ -1 \\ 0 \end{bmatrix} = \frac{1}{\sqrt{2}}$$

③ 计算测量算子 R 与 T 的张量积 RT，再计算 RT 的数学期望值 $\langle RT \rangle$

$$R \otimes T = X_1 \otimes \frac{Z_2 - X_2}{\sqrt{2}} = \frac{1}{\sqrt{2}}\begin{bmatrix} 0 & 1 \\ 1 & 0 \end{bmatrix} \otimes \begin{bmatrix} 1 & -1 \\ -1 & -1 \end{bmatrix} = \frac{1}{\sqrt{2}}\begin{bmatrix} 0 & 0 & 1 & -1 \\ 0 & 0 & -1 & -1 \\ 1 & -1 & 0 & 0 \\ -1 & -1 & 0 & 0 \end{bmatrix}$$

$$\langle RT \rangle = \langle \psi | RT | \psi \rangle = \frac{1}{\sqrt{2}}[0 \quad 1 \quad -1 \quad 0]\frac{1}{\sqrt{2}}\begin{bmatrix} 0 & 0 & 1 & -1 \\ 0 & 0 & -1 & -1 \\ 1 & -1 & 0 & 0 \\ -1 & -1 & 0 & 0 \end{bmatrix}\frac{1}{\sqrt{2}}\begin{bmatrix} 0 \\ 1 \\ -1 \\ 0 \end{bmatrix}$$

$$= \frac{1}{2\sqrt{2}}[-1 \quad 1 \quad -1 \quad -1]\begin{bmatrix} 0 \\ 1 \\ -1 \\ 0 \end{bmatrix} = \frac{1}{\sqrt{2}}$$

④ 计算测量算子 Q 与 T 的张量积 QT，再计算 QT 的数学期望值 $\langle QT \rangle$

$$Q \otimes T = Z_1 \otimes \frac{Z_2 - X_2}{\sqrt{2}} = \frac{1}{\sqrt{2}}\begin{bmatrix} 1 & 0 \\ 0 & -1 \end{bmatrix} \otimes \begin{bmatrix} 1 & -1 \\ -1 & -1 \end{bmatrix} = \frac{1}{\sqrt{2}}\begin{bmatrix} 1 & -1 & 0 & 0 \\ -1 & -1 & 0 & 0 \\ 0 & 0 & -1 & 1 \\ 0 & 0 & 1 & 1 \end{bmatrix}$$

$$\langle QT \rangle = \langle \psi | QT | \psi \rangle = \frac{1}{\sqrt{2}}[0 \quad 1 \quad -1 \quad 0]\frac{1}{\sqrt{2}}\begin{bmatrix} 1 & -1 & 0 & 0 \\ -1 & -1 & 0 & 0 \\ 0 & 0 & -1 & 1 \\ 0 & 0 & 1 & 1 \end{bmatrix}\frac{1}{\sqrt{2}}\begin{bmatrix} 0 \\ 1 \\ -1 \\ 0 \end{bmatrix}$$

$$= \frac{1}{2\sqrt{2}}[-1 \quad 1 \quad -1 \quad -1]\begin{bmatrix} 0 \\ 1 \\ -1 \\ 0 \end{bmatrix} = \frac{1}{\sqrt{2}}$$

所以有：$\langle QS \rangle + \langle RS \rangle + \langle RT \rangle - \langle QT \rangle = 2\sqrt{2}$

问题2.1（Pauli矩阵的函数） 令$f(\cdot)$是从复数到复数的任意函数，令$\boldsymbol{n}$是三维单位向量，θ是实数。证明

$$f(\theta \boldsymbol{n} \cdot \boldsymbol{\sigma}) = \frac{f(\theta) + f(\theta)}{2}I + \frac{f(\theta) - f(-\theta)}{2}\boldsymbol{n} \cdot \boldsymbol{\sigma} \quad (2.231)$$

证明：由习题2.35已知：$\boldsymbol{n} \cdot \boldsymbol{\sigma}$的特征值为$\pm 1$，

设

$$\boldsymbol{n} \cdot \boldsymbol{\sigma} = \lambda_1 |a\rangle\langle a| - \lambda_2 |b\rangle\langle b| = |a\rangle\langle a| - |b\rangle\langle b|$$

则

$$f(\theta \boldsymbol{n} \cdot \boldsymbol{\sigma}) = f(\theta)|a\rangle\langle a| + f(-\theta)|b\rangle\langle b|$$

$$= \frac{1}{2}[f(\theta)|a\rangle\langle a| + f(-\theta)|a\rangle\langle a| + f(\theta)|b\rangle\langle b| + f(-\theta)|b\rangle\langle b|]$$

$$+ \frac{1}{2}[f(\theta)|a\rangle\langle a| - f(-\theta)|a\rangle\langle a| - f(\theta)|b\rangle\langle b| + f(-\theta)|b\rangle\langle b|]$$

$$= \frac{1}{2}[f(\theta) + f(-\theta)][|a\rangle\langle a| + |b\rangle\langle b|]$$

$$+ \frac{1}{2}[f(\theta) - f(-\theta)][|a\rangle\langle a| - |b\rangle\langle b|]$$

$$= \frac{f(\theta) + f(-\theta)}{2}I + \frac{f(\theta) - f(-\theta)}{2}\boldsymbol{n} \cdot \boldsymbol{\sigma}$$

第 2 章 量子力学引论的阅读辅导与习题练习

问题 2.2(Schmidt 数的性质) 设 $|\psi\rangle$ 是由 A 和 B 组成的复合系统的一个纯态,

(1) 证明 $|\psi\rangle$ 的 Schmidt 数等于约化密度矩阵 $\rho_A \equiv \text{tr}_B(|\psi\rangle\langle\psi|)$ 的秩(注意 Hermite 算子的秩等于它的支集的维数)。

(2) 设 $|\psi\rangle = \sum_j |\alpha_j\rangle|\beta_j\rangle$ 是 $|\psi\rangle$ 的一个表示,其中 $|\alpha_j\rangle$ 和 $|\beta_j\rangle$ 分别是系统 A 和 B 的(未归一化)状态,证明这个分解中的项数大于等于 $|\psi\rangle$ 的 Schmidt 数 $\text{Sch}(\psi)$。

(3) 设 $|\psi\rangle = \alpha|\varphi\rangle + \beta|\gamma\rangle$,证明
$$\text{Sch}(\psi) \geqslant |\text{Sch}(\varphi) - \text{Sch}(\gamma)| \tag{2.232}$$

解析:

(1) 根据题意:因为 $|\psi\rangle$ 是由 A 和 B 组成的复合系统的一个纯态,则当

$$|\psi\rangle = \sum_i \lambda_i |i_A\rangle|i_B\rangle$$

时,有

$$\rho^A = \sum_i \lambda_i^2 |i_A\rangle\langle i_A|$$

$$\begin{aligned}
\rho_A &\equiv \text{tr}_B(|\psi\rangle\langle\psi|) \\
&= \sum_{ij} \lambda_i |i_A\rangle\langle j_A| \text{tr}(\lambda_j |i_B\rangle\langle j_B|) \\
&= \sum_{ij} \lambda_i \lambda_j |i_A\rangle\langle j_A| \delta_{ij} \\
&= \sum_i \lambda_i^2 |i_A\rangle\langle j_A| \\
&= \rho^A
\end{aligned}$$

所以 $|\psi\rangle$ 的施密特数等于 ρ_A 的秩: $\text{Sch}(\psi) = \text{rank}(\rho_A)$。

【注:支集,即算子(矩阵)的核空间的补集,支集的维数就是子集的维数,算子(矩阵)的秩就是行向量的线性无关个数,线性无关的向量可以构成子集的基,就是子集的维数。】

(2)
$$|\psi\rangle = \sum_j^m |\alpha_j\rangle|\beta_j\rangle$$

$$m \geqslant \text{Sch}(\psi)$$

$$\{|\alpha_j\rangle\}_m \xrightarrow{\text{Gram-Schmidt}} \{|v\rangle\}_n, \quad n \leqslant m \text{ 且 } n \leqslant d_m (A \text{ 的维数})$$

则:原本 $|\alpha_j\rangle$ 在标准正交基 $|i\rangle$ 下有:

$$|\alpha_j\rangle = \sum_j^{d_m} \langle i | \alpha_j\rangle |i\rangle$$

考虑在 $\{|v\rangle\}_n$ 上的展开式

$$|\alpha_j\rangle = \sum_{v \in \{|v\rangle\}_n} \langle v | \alpha_j\rangle |v\rangle$$

则

$$\rho_A = \text{tr}_B(|\psi\rangle\langle\psi|) = \sum_j^m \sum_k^m |\alpha_j\rangle\langle\alpha_k| \langle\beta_j | \beta_k\rangle$$

$$= \sum_j^m \sum_k^m \langle\beta_j | \beta_k\rangle \sum_v^n \langle v | \alpha_j\rangle |v\rangle \sum_w^n \langle w | \alpha_k\rangle\langle w|$$

$$= \sum_v^n \sum_w^n (\sum_j^m \sum_k^m \langle\beta_j | \beta_k\rangle \langle v | \alpha_j\rangle\langle w | \alpha_k\rangle) |v\rangle\langle w|$$

显然矩阵(算子) $|v\rangle\langle w|$ 是 $n \times n$ 的矩阵,则 $\text{rank}(\rho_A) \leqslant n \leqslant m$,所以 $\text{Sch}(\psi) = \text{rank}(\rho_A) \leqslant m$ 成立。

(3) 因为 $|\psi\rangle = \alpha|\varphi\rangle + \beta|\gamma\rangle$,所以

$$|\varphi\rangle = \frac{1}{\alpha}|\psi\rangle - \frac{\beta}{\alpha}|\gamma\rangle$$

做 $|\varphi\rangle$ 的 Schmidt 分解

$$|\varphi\rangle = \frac{1}{\alpha}\sum_i^{\text{Sch}(\psi)} \lambda_i |i_A\rangle|i_B\rangle - \frac{\beta}{\alpha}\sum_j^{\text{Sch}(\gamma)} \mu_i |j_A\rangle|j_B\rangle$$

利用(2)的结论,构造 $|k_A\rangle$ 和 $|k_B\rangle$,则

$$|\varphi\rangle = \frac{1}{\alpha} \sum_k^{\mathrm{Sch}(\psi)+\mathrm{Sch}(\gamma)} |k_A\rangle |k_B\rangle$$

由第二问已知:$\mathrm{Sch}(\psi) + \mathrm{Sch}(\gamma) \geqslant \mathrm{Sch}(\varphi)$,所以 $\mathrm{Sch}(\psi) \geqslant \mathrm{Sch}(\varphi) - \mathrm{Sch}(\gamma)$
同理得 $\mathrm{Sch}(\psi) \geqslant \mathrm{Sch}(\gamma) - \mathrm{Sch}(\varphi)$,所以有 $\mathrm{Sch}(\psi) \geqslant |\mathrm{Sch}(\varphi) - \mathrm{Sch}(\gamma)|$ 成立。

问题 2.3(Teirelson 不等式)　设 $Q = \boldsymbol{q} \cdot \boldsymbol{\sigma}, R = \boldsymbol{r} \cdot \boldsymbol{\sigma}, S = \boldsymbol{s} \cdot \boldsymbol{\sigma}, T = \boldsymbol{t} \cdot \boldsymbol{\sigma}$,其中 $\boldsymbol{q}, \boldsymbol{r}, \boldsymbol{s}$ 和 $\boldsymbol{t}$ 是三维空间中的实单位向量,证明

$$(Q \otimes S + R \otimes S + R \otimes T - Q \otimes T)^2 = 4I + [Q, R] \otimes [S, T] \tag{2.233}$$

利用这个结果证明

$$\langle Q \otimes S\rangle + \langle R \otimes S\rangle + \langle R \otimes T\rangle - \langle Q \otimes T\rangle \leqslant 2\sqrt{2} \tag{2.234}$$

于是下式

$$\langle QS\rangle + \langle RS\rangle + \langle RT\rangle - \langle QT\rangle = 2\sqrt{2}$$

给出了在量子力学中违反 Bell 不等式的最大量。

证明：由问题 2.1 已知 $Q = \boldsymbol{q} \cdot \boldsymbol{\sigma}$ 是 Hermite 算子,则 $Q = |a\rangle\langle a| - |b\rangle\langle b|$,

$$Q^2 = (|a\rangle\langle a| - |b\rangle\langle b|)(|a\rangle\langle a| - |b\rangle\langle b|) = |a\rangle\langle a| + |b\rangle\langle b| = I$$

$Q = \boldsymbol{q} \cdot \boldsymbol{\sigma}$ 是酉算子。于是 $\langle Q\rangle = \langle\psi|Q|\psi\rangle \in [-1,1]$。

同样 $R = \boldsymbol{r} \cdot \boldsymbol{\sigma}, S = \boldsymbol{s} \cdot \boldsymbol{\sigma}, T = \boldsymbol{t} \cdot \boldsymbol{\sigma}$,也有相同的结论。

式(2.233) 的左边：

$(Q \otimes S + R \otimes S + R \otimes T - Q \otimes T)^2$
$= (Q \otimes S + R \otimes S + R \otimes T - Q \otimes T)(Q \otimes S + R \otimes S + R \otimes T - Q \otimes T)$
$= Q^2 \otimes S^2 + QR \otimes S^2 + QR \otimes ST - Q^2 \otimes ST + RQ \otimes S^2 + R^2 \otimes S^2$
$\quad + R^2 \otimes ST - RQ \otimes ST + RQ \otimes TS + R^2 \otimes ST + R^2 \otimes T^2 - RQ \otimes T^2$
$\quad - Q^2 \otimes TS - QR \otimes TS - QR \otimes T^2 + Q^2 \otimes T^2$
$= I \otimes I + QR \otimes I + QR \otimes ST - I \otimes ST + RQ \otimes I + I \otimes I + I \otimes ST - RQ \otimes ST$
$\quad + RQ \otimes TS + I \otimes ST + I \otimes I - RQ \otimes I - I \otimes TS - QR \otimes TS - QR \otimes I + I \otimes I$
$= I + QR \otimes I + QR \otimes ST - I \otimes ST + RQ \otimes I + I + I \otimes ST - RQ \otimes ST$

$$+ RQ \otimes TS + I \otimes TS + I - RQ \otimes I - I \otimes TS - QR \otimes TS - QR \otimes I + I$$
$$= 4I + QR \otimes ST - RQ \otimes ST + RQ \otimes TS - QR \otimes TS$$

式(2.233)的右边：

$$4I + [Q,R] \otimes [S,T] = 4I + (QR - RQ) \otimes (ST - TS)$$
$$= 4I + QR \otimes ST - QR \otimes TS - RQ \otimes ST + RQ \otimes TS$$

所以有等式(2.233)成立。

令

$$M = Q \otimes S + R \otimes S + R \otimes T - Q \otimes T$$

则

$$\langle M^2 \rangle = 4\langle I \rangle + \langle QR \otimes ST \rangle - \langle QR \otimes TS \rangle - \langle RQ \otimes ST \rangle + \langle RQ \otimes TS \rangle$$
$$\leqslant 8$$

根据 Cauchy-Schwarz 不等式 $|\langle \mu | v \rangle|^2 \leqslant \langle \mu | \mu \rangle \langle v | v \rangle$，令 $|v\rangle = A|\mu\rangle$，

$$|\langle \mu | v \rangle|^2 = |\langle \mu | A | \mu \rangle|^2 \leqslant \langle \mu | \mu \rangle \langle \mu | AA | \mu \rangle = \langle \mu | A^2 | \mu \rangle$$

于是 $\langle M \rangle \leqslant \sqrt{\langle m^2 \rangle} = 2\sqrt{2}$，所以有等式(2.24)

$$\langle Q \otimes S \rangle + \langle R \otimes S \rangle + \langle R \otimes T \rangle - \langle Q \otimes T \rangle \leqslant 2\sqrt{2}$$

成立。